江西省地质局基础地质调查评价项目（赣地质字〔2023〕16号）
江西省自然科学基金面上项目（20224BAB203037）等　资助

江西省冷水坑银铅锌矿田 三维地质建模与成矿预测

欧阳永棚　李增华　等　著

科学出版社
北　京

内 容 简 介

本书介绍了三维地质建模与机器学习应用到江西省冷水坑银铅锌矿田成矿预测的研究过程与成果。基于冷水坑银铅锌矿田区域成矿地质背景及原始地质资料，通过建立三维地质模型，运用机器学习，开展深部成矿预测研究。通过集成矿田地层模型、岩体模型、断裂模型、矿体模型，建立三维地质模型，查明矿田内成矿要素的空间展布规律，解析矿体与岩体、构造的空间关系，厘清冷水坑矿田的三维成矿地质条件。在此基础上开展基于随机森林和卷积神经网络等机器学习算法的深部成矿有利区预测，为矿田内深部找矿提供依据。

本书可供广大地质矿产工作者和大专院校矿产资源勘查专业师生参考使用。

图书在版编目（CIP）数据

江西省冷水坑银铅锌矿田三维地质建模与成矿预测 / 欧阳永棚等著.
北京 ：科学出版社，2024. 11. -- ISBN 978-7-03-080009-1

Ⅰ．P618.520.625.6；P618.406.256

中国国家版本馆 CIP 数据核字第 2024XZ4993 号

责任编辑：焦　健/责任校对：何艳萍
责任印制：赵　博/封面设计：无极书装

科学出版社 出版
北京东黄城根北街 16 号
邮政编码：100717
http://www.sciencep.com
涿州市殷润文化传播有限公司印刷
科学出版社发行　各地新华书店经销
*
2024 年 11 月第 一 版　开本：720×1000　1/16
2025 年 2 月第二次印刷　印张：5
字数：101 000
定价：78.00 元
（如有印装质量问题，我社负责调换）

作者名单

欧阳永棚　　　　李增华　陈　祺

饶建锋　魏　锦　王立立　杨立飞

曾闰灵　张如斌　曾祥辉　孔令涛

邓　腾　叶　超　田晓涛　邓友国

张盖之　赖书雅　周天禹

前　言

习近平总书记提出"向地球深部进军是我们必须解决的战略科技问题"。在当今矿产资源需求日益增长而浅部矿产资源趋于枯竭的背景下,亟需开展深部找矿,保障我国矿产资源,提升我国矿产资源储备保障能力。

三维建模技术在地球科学和工程领域的应用极为广泛,它不仅能够直观展现复杂的地质结构,还为地质勘探、矿产资源评估、地下空间开发等提供了强有力的技术支持。三维地质模型能够直观展现深部地质体的空间分布特征,可以更好地协助地质人员理解矿田的深部地质特征、矿体形态以及与周围地质体的关系。通过构建高精度的三维地质模型,能够清晰地了解不同深度的地层、构造和岩体分布,为分析成矿条件和开展深部找矿提供支撑。机器学习作为一种强大的数据分析工具,在地质数据处理中展现出巨大潜力。它能够高效地处理大量地质数据,从中挖掘出潜在的成矿规律和模式,进而显著提升成矿预测的准确性。尤为重要的是,机器学习擅长处理复杂的非线性关系,能够对不同来源的地质数据进行综合分析和深度解读,揭示传统方法难以捕捉到的关键成矿信息。

冷水坑银铅锌矿田位于江西省贵溪市,是我国大型银铅锌资源基地,下设有银路岭、鲍家、下鲍、银珠山、银坑、营林 6 个矿床,其发育较为复杂,可分为似层状热液型和潜火山斑岩型,兼有为数不多的脉型,具有"多位一体"的特征。前人对冷水坑矿田开展了大量的科学研究工作,主要包括矿田地质特征、矿田构造、矿床地质特征、围岩蚀变和元素地球化学、成岩和成矿年代学等,但由于缺乏系统的矿田深部地质体三维空间综合研究,严重制约了成矿规律的深入认识和深部找矿方向的科学判断。

本书在冷水坑银铅锌矿田区域成矿地质背景和原始地质资料的基础上,建立冷水坑矿田三维地质模型,分析控矿地质体的空间分布规律,提取有利成矿信息,并在此基础上开展基于机器学习的深部成矿有利区预测,为矿田深部找矿提供技术支撑。本书主要获得以下几个方面的成果和认识:

（1）全面收集、整理现有原始地质资料及相关图件，实现冷水坑矿田钻孔资料的全面数字化；

（2）通过构建冷水坑矿田三维地质模型［集成地层模型、岩体模型、断裂模型、矿体（矿化域）模型］，实现冷水坑矿田深部地质体三维可视化，限定了冷水坑矿田变质基底的大致埋深，获得了白垩系打鼓顶组、鹅湖岭组在矿田范围内的沉积厚度，明确了燕山期早期花岗斑岩的深部走向特征，及矿田推覆构造、F1断裂的空间延展特征等；

（3）在三维地质模型的基础上，进一步厘清矿田成矿地质条件，剖析成矿地质体（地层、构造、岩浆岩及矿体）空间关系；通过变异函数开展矿田品位估值，实现矿田内品位分布的三维可视化，总结了矿田品位分布规律；

（4）在综合三维地质模型的基础上，运用随机森林和卷积神经网络算法开展成矿预测，圈定出 3 处深部预测区。

本书由欧阳永棚、李增华、陈祺等确定编写提纲，由江西省地质局第十地质大队和东华理工大学两个单位的研究人员集体分工完成，全书共分 4 章，其中第 1 章由欧阳永棚、陈祺、李增华、曾闰灵、邓腾执笔，第 2 章由陈祺、饶建锋、魏锦、张如斌，曾祥辉执笔，第 3 章由李增华、王立立、杨立飞执笔，第 4 章由欧阳永棚、李增华、陈祺、王立立、孔令涛执笔。全书由欧阳永棚统稿。叶超、田晓涛、邓友国、张盖之、赖书雅、周天禹等负责了相关图件的清绘与制作。在本书编写过程中，得到了江西省地质局、第十地质大队和鹰潭市紧缺及优势矿产勘查与研究重点实验室领导和科研人员的关心、指导和大力帮助，在此一并表示感谢。

希望本书能够为从事矿产资源勘查、地质科研以及相关领域的专业人员提供有益的参考，推动我国矿产资源勘查技术的不断创新与发展。同时，也期待本书能够激发更多学者和研究人员对深部成矿预测领域的关注和探索，为保障国家矿产资源安全贡献力量。由于作者掌握资料有限，书中难免存在不足之处，敬请广大读者批评指正。

作 者

2024 年 9 月 30 日

目　　录

第1章 绪 论

1.1 研究背景与意义

冷水坑银铅锌矿田位于江西省贵溪市,下设有银路岭、鲍家、下鲍、银珠山、银坑、营林 6 个矿床,是我国大型银铅锌资源基地。据 2021 年完成的江西省贵溪市冷水坑+银珠山银铅锌矿区矿产资源国情调查报告,冷水坑矿田累计查明资源储量银 9909.6t、铅 186.87 万 t、锌 278.90 万 t,共伴生金 5.50t(曾祥辉等,2022)。

冷水坑矿田的矿体发育较为复杂,可分为似层状热液型和潜火山斑岩型,兼有为数不多的脉型,具有"多位一体"的特征。近年来,不同研究者对冷水坑矿田做了大量的研究,主要包括矿田地质特征、矿田构造、矿床地质特征、围岩蚀变特征、元素地球化学特征和年代学研究等方面(赵志刚等,2008;左力艳等,2008)。冷水坑以往勘查工作是由多个单位在不同时间、不同区域实施不同勘查项目完成的,形成的地质资料均以二维形式呈现,缺乏系统的矿田深部地质体三维空间综合研究,对相邻矿区主要矿体的相互关系、深部变化、三维空间展布规律等研究尚不清楚(王永庆等,2022),严重制约了成矿规律的深入认识和深部找矿方向的科学判断。本研究基于冷水坑历年勘探资料开展三维地质建模工作,建立了冷水坑矿田模型,对矿田内与矿体相关的主要岩体的空间展布规律,以及矿体与岩体和断裂的空间关系开展研究,并在此基础上开展基于机器学习的深部成矿有利区预测,为矿田内深部找矿提供依据。

1.2 矿田范围及自然地理条件

1. 矿田范围

工作区位于江西省中东部,地处武夷山北西坡,行政区划属贵溪市管辖,位于贵溪市南部冷水镇一带,极坐标(2000 国家大地坐标系)为东经 117°02′29″~

117°18′21″，北纬 27°53′13″～28°00′49″（表 1-1），总面积约 364km²。距贵溪市直线距离约 30km，其东部与福建省毗邻。北距浙赣铁路贵溪火车站约 25km，有乡级公路抵达贵溪市 320 国道及梨温高速公路，交通较为便利。

表 1-1 工作区范围拐点坐标表

拐点坐标	经度	纬度	大地坐标	
			X	Y
1	117°02′29″E	28°00′49″N	3099945.86	39504068.27
2	117°18′21″E	28°00′48″N	3099945.95	39530068.64
3	117°18′19″E	27°53′13″N	3085945.75	39530068.68
4	117°02′29″E	27°53′14″N	3085945.66	39504068.32

2. 自然地理条件

工作区属低山地形，最高标高 826m，最低标高 90m。山顶多呈浑圆状，沟谷呈“V”字形，植被发育，以人工竹林为主。

该区属亚热带地区，四季分明，雨量充沛，年降水量平均超 1800mm，3 月中旬至 6 月中旬为雨季，其降雨量占年降雨量的 80%～90%，6 月中旬至 11 月降雨量较少，为野外工作的黄金季节，12 月至翌年 2 月为低温期，时有霜冻或降雪。

工作内仅有一些小型以竹木为原材料的加工业。当地人大多从事林业营伐，少量从事农作物（水稻）生产。

1.3 研究进展及存在的问题

1. 研究进展

从 1966 年至 2018 年，江西省地矿局九一二大队对冷水坑矿田开展大量地质勘查及成矿研究工作（表 1-2），基本查明矿田地层、构造、岩浆岩、赋矿层位、矿化特征变化、矿体、矿石、矿区围岩及夹石、资源储量等特征，总结了矿床成因、成矿地质条件、成矿规律。

表 1-2　冷水坑矿田以往矿产地质工作情况一览表

时间	项目名称	主要成果
1966 年 8 月-1971年	贵溪县冷水坑银路岭铅锌矿区普查勘探地质报告	铅锌金属量 9×10⁴t，伴生银 220t
1975 年 6 月-1984年 6 月	江西省贵溪县冷水坑矿区铅锌（银）矿详细普查地质报告	D 级+地质储量铅 1855.13kt，锌 2773.58kt，伴生银 6387t，镉 15733t
1979 年-1982 年	冷水坑斑岩型铅锌矿区地球化学特征	总结了矿区地球化学规律，为矿床成因类型划分及矿体连接对比提供了依据
1985 年-1986 年	冷水坑矿田铅锌（银）矿及银（铅锌）矿床技术经济评价报告	对冷水坑矿床的技术经济进行了评价，确定了冷水坑矿田的工业指标
1986 年 9 月	江西省冷水坑地区银铅锌矿成矿规律及成矿区划	以火山岩、次火山岩及侵入岩、断裂及火山构造为重点总结成矿规律
1988 年	银路岭银（铅锌）矿勘探地质报告	C+D 级储量银金属量 664t，铅+锌金属量 13.42 万 t
1988 年 12 月	江西省贵溪冷水坑矿田银铅锌矿扩大远景及金（铜）成矿地质条件报告	总结成矿地质条件，提交成果报告，圈定 5 个 I 级成矿预测区，4 个 II 级成矿预测区
1989 年 12 月	江西省贵溪县冷水乡鲍家银铅锌矿区详细普查地质报告	获 C+D 级银金属量 3336t，其中 C 级 2033t，共生铅锌 143 万 t
1990 年 6 月-1994年 7 月	冷水坑矿田典型矿床研究	提交了"冷水坑银矿地质"研究报告
1990 年 8 月	江西省贵溪县冷水乡银珠山金矿区普查地质报告	获得 D+E 级金储量 3.495t，共生黄铁矿矿石储量 75.66 万 t
1992 年 11 月	江西省贵溪县冷水坑矿田区域地质物化探综合找矿工作报告	探明冷水坑矿田地层及岩体地球化学特征及异常特征
1993 年 1 月	江西省贵溪县冷水乡营林-银珠山银铅锌矿区详查报告	提交 D+E 级银金属量 626.9t
1994 年 4 月	江西省金溪枫山-贵溪冷水坑贵多金属成矿区划报告	总结区域地质、成矿背景及矿床特征
1994 年 10 月	江西省贵溪县冷水乡鲍家矿区 100~108、120~130 线银铅锌矿勘探报告	提交表内银铅锌矿 B+C+D 银铅锌金属量 464.17 万 t，表外 C+D 级 213.07 万 t
1995 年	江西省贵溪县下鲍矿区银铅锌矿普查报告	D+E 级银金属量 1585t
1995 年	江西省贵溪县冷水乡坑矿区铅锌（银）矿普查报告	提交 D+E 级富铅锌矿 8.51 万 t
2002 年-2003 年	江西省贵溪市冷水坑矿田下鲍矿区首采区段银铅锌矿详查报告	基本查明了矿石结构构造、矿物成分、矿石类别，新发现了金矿体；基本查明了银铅锌等的赋存状态与分布规律；研究了矿石加工技术性能；对矿床进行了技术经济初步评价

续表

时间	项目名称	主要成果
2004 年 10 月	江西省贵溪市冷水坑矿田下鲍矿区银铅锌矿详查报告	银金属资源储量（122b+333）1347t，铅金属资源储量（122b+333）160180t，锌金属122b+333 资源储量 217761t
2006 年	贵溪市冷水坑银矿储量地质报告	铅+锌金属量 5.07 万 t，伴生银金属量 69t
2007 年	冷水坑银铅锌多金属成矿系统及隐伏矿预测研究报告	总结冷水坑银铅锌多金属成矿系统，并预测靶区
2006 年-2009 年	江西省贵溪市冷水坑矿田银珠山矿区北矿段铅锌银矿详查地质报告	探获铅资源量 21.4 万 t、锌资源量 32.31 万 t、银资源量 488t
2009 年 10 月	江西省贵溪市冷水坑矿田银珠山矿区南矿段铅锌银矿普查地质报告	探获铅资源量 221611t、锌资源量 335618t、银资源量 1026t，共生金 612kg
2009 年-2011 年	叠加复合型铅锌、铜矿深部成矿模式与勘查技术示范研究	首次提出了层体耦合多位一体成矿模式并对冷水坑外围的找矿靶区进行了圈定
2013 年 6 月	冷水坑矿田火山构造与成矿研究	总结了火山构造与成矿之间的关系
2013 年 6 月	冷水坑银多金属矿田层状富铅锌矿成因及成矿预测研究	总结了层状富铅锌矿成因
2014 年 5 月	江西冷水坑矿集区北部岭西－江坊铜铅锌金矿远景调查报告	摸清冷水坑矿田外围地质条件、异常等特征，并圈定靶区
2018 年 12 月	江西省贵溪市银珠山矿区铅锌银矿勘探报告	探明铅锌+银矿总资源储量 27866.32kt

2. 存在问题

以往区域地质矿产工作建立了本区地层层序，基本查清了区内构造格架及岩浆岩时空分布，发现了众多矿（化）点，区域上物化探工作圈出众多具有指示意义的异常，资料真实可靠，为今后的地质调查工作奠定了基础。矿产勘查工作在大比例尺填图、物化探测量及钻探工程的基础上，对矿（点）床作了评价。在以往科研工作中，对于冷水坑成矿的时间、物质来源、矿床成因等理论认识较为清晰。但也存在以下一些问题：

冷水坑矿田包括有 6 个矿区，即银路岭、鲍家、下鲍、银珠山、银坑、营林，需进一步系统整合冷水坑矿田所有相关地质资料、矿体资料，厘清矿区相互之间的空间关系，尤其是赋矿地质体（花岗斑岩和铁锰碳酸盐层）在矿田深部的延伸规律不明，制约了冷水坑矿田深部及其外围找矿勘探的开展及相关研究工作。

第2章 地质概况

2.1 区域成矿地质背景

2.1.1 大地构造背景

冷水坑铅锌银矿田地处于扬子板块与华南板块拼接带南侧,华南板块北东缘的武夷隆起区,即华夏陆块北缘,武夷银多金属成矿带和钦杭成矿带的交汇部位,月凤山中生代火山盆地北西边缘(肖茂章和漆光明,2014;昝芳等,2016)。武夷隆起区主要构造是北北东向展布的花岗岩-构造隆起带和一系列巨大断裂带。它们主要形成于印支-燕山期早期陆内造山阶段,后经燕山期晚期伸展作用的改造形成了现今的盆岭构造格局(李兆鼐等,2003)。

2.1.2 区域地层

区域内地层发育不全,分布极不均匀。上元古界南华系和震旦系是本区分布广泛的古老基底地层,其上覆盖层除发育广泛分布的下白垩统外,还零星分布有石炭系及第四系(表2-1)(余心起等,2008)。

表 2-1 区域地层略表

年代地层					地层代号	厚度/m
界	系	统	组	段		
新生界	第四系				Q	0~20
中生界	白垩系	下统	鹅湖岭组	上段	K_1e^3	160~1400
				中段	K_1e^2	140~550
				下段	K_1e^1	170~400
			打鼓顶组	上段	K_1d^2	30~170
				下段	K_1d^1	100~300

续表

年代地层					地层代号	厚度/m
界	系	统	组	段		
古生界	石炭系	上统	黄龙组		C_2h	120
		下统	梓山组		C_1z	>160
新元古界	震旦系	上统	老虎塘组	上段	Z_2l^3	>480
				中段	Z_2l^2	410
				下段	Z_2l^1	>370
	南华系	中统	下坊组		Nh_2x	>500

1. 南华系

原岩经区域变质后形成黑云斜长片麻岩、云母（石英）片岩、厚层状石英岩、瘤状片岩等。区域上归属下坊组（徐贻赣等，2013）。

下坊组（Nh_2x）：分布在区域西南部大毛窝及中部耳口一带，岩性以瘤状片岩、云母片岩、石墨云母片岩为主，夹含碳硅质岩、石英岩及镜铁矿云母石英岩。未见底。区域化探本组地层中 Cu、Pb、Zn、Ag、Mo 等元素含量较高。

2. 震旦系

一套巨厚的泥砂质夹火山碎屑物的复理石建造，原岩经区域变质后形成片岩、片麻岩、变粒岩等，主要属高绿片岩相（徐贻赣等，2013），且具不同程度的混合岩化，形成条带状混合岩、条纹状混合岩及阴影状混合岩等。区域上归属老虎塘组。

老虎塘组（Z_2l）：分布在区域之中部、北东及北西部等，主要为云母石英片岩、云母片岩、黑云斜长片麻岩等（张垚垚等，2010）。

3. 石炭系

仅见于北东部燕山及洞源一带，出露范围甚小，面积约 $2km^2$。为一套海陆交互相—浅海相含煤建造及碳酸盐岩建造。可划分为下统梓山组（C_1z）和上统黄龙组（C_2h），两者呈假整合接触。梓山组为石英砂砾岩、细砂岩、紫红色粉砂岩夹薄层碳质泥岩及煤线（昝芳等，2016）；黄龙组为灰白色、紫灰色厚层状石灰岩，夹紫红色薄层状含泥灰岩、粉砂质泥岩。石炭系与下伏地层呈不整合接触。

4. 白垩系

白垩系地层广泛分布于矿田内,为晚白垩世的一套钙碱－碱钙性系列陆相火山杂岩(卢加文,2018)。依其火山活动特点、岩性岩相组合特征及标志层,划分为两个组:下部打鼓顶组(K_1d)和上部鹅湖岭组(K_1e)。与下伏震旦系老虎塘组(Z_2l)、石炭系梓山组(C_1z)地层为喷发不整合接触(何细荣等,2010)。

1) 打鼓顶组(K_1d)

下段上部为浅灰色、紫红色流纹质玻屑熔结凝灰岩和肉红色流纹岩,局部夹石泡流纹岩;下部为浅灰色流纹质晶屑凝灰岩、玻屑凝灰岩,局部夹流纹质熔结凝灰岩,底部为砂砾岩。下段总厚达 308m。上段上部为灰绿色、暗紫色杏仁状安山岩、粗安岩、碱玄岩、自碎角砾安山岩、沉角砾凝灰岩;下部为浅灰、浅紫色流纹质含集块角砾凝灰岩,银坑一带底部为凝灰质粉砂岩、沉凝灰岩夹铁锰碳酸盐岩,是层状型矿体银铅锌(铁锰)矿的主要赋存层位(钱迈平等,2015)。上段总厚度大于 165m。

前人学者对流纹质熔结凝灰岩进行 K-Ar 法同位素测年,年龄为 141Ma,上部安山岩 K-Ar 法同位素年龄值为 158.2Ma,另在相山测得该组火山岩地层年龄为 165Ma(徐贻赣等,2013)。该组与下伏震旦系、石炭系地层为不整合接触。

2) 鹅湖岭组(K_1e)

下段上部为浅灰色、紫红色流纹质熔结凝灰岩和紫红色块状流纹岩;下部为流纹质晶屑凝灰岩、熔结凝灰岩,底部为沉凝灰岩、凝灰质含砾砂岩及粉砂岩夹白云质灰岩(铁锰碳酸盐岩)等(杨志鹏和付文树,2014)。亦是层状型矿体银铅锌(铁锰)矿的主要赋存层位之一,厚度>423m。鹅湖岭组下段呈假整合覆盖于打鼓顶组之上。

中段上部为流纹岩;下部为流纹质熔结凝灰岩、集块角砾熔结凝灰岩(钱迈平等,2015),底部为流纹质凝灰岩、凝灰质粉砂岩局部夹灰岩透镜体或含钙质结核。中段总厚度为 241～398.5m。

上段上部为强熔结凝灰岩;下部为流纹质含角砾熔结凝灰岩、流纹质凝灰角砾岩及凝灰岩等。上段总厚度为 160～1300m。

5. 第四系

以冲积相和残积相为主，分布于河床、河漫滩、山间洼地及山坡表层。由砾石、砂砾石、砂土、亚砂土松散物组成。

2.1.3　区域构造

冷水坑矿田在区域构造上受广丰－萍乡深断裂及鹰潭－安远大断裂控制，部分构造本身属于区域构造的一部分（明小泉和贺海龙，2018）。断裂构造是本区重要的构造形式，北北东－北东向断裂系统为区内最主要构造，其规模大，活动时间长，以压扭性为主，是区内主要控岩控矿构造（余心起等，2008）。北西向断裂系统规模较小，以张性或张扭性为主。区内震旦系变质岩基底地层发育紧密线型褶皱，轴向主要为北东向，局部为北西向（卢加文和孟德磊，2018）。上覆盖层主要为上白垩统陆相火山岩，构成月凤山、天台山两个火山岩断陷盆地，轴向北东。上述褶皱、断裂以及火山构造的交叠，构成本区以北东向断裂带为骨干的基本构造格架（卢加文和孟德磊，2018）。

1. 褶皱构造

矿田褶皱构造不发育，主要见于震旦系变质岩地层中，褶皱轴向为北东向及北西向，以北东向的紧密线型褶皱为主，规模不大，从数米至数百米，有等斜、闭合、倒转等褶皱形态。北西向褶皱规模较小，多为北东向褶皱的派生产物。

矿田出露的上白垩统火山岩地层，组成总体倾向南东、倾角 10°～30° 的缓倾单斜构造，局部见有宽缓的波状起伏现象。

2. 主要断裂

区域上断裂构造发育，主要断裂有：

1）鹰潭－安远深断裂

本区所见为该断裂的北段。呈北北东至北东向展布，属剪压性质。沿断裂带加里东期、燕山期花岗岩及晚侏罗世火山岩较为发育，白垩系地层沉积亦受影响。该断裂形成于加里东期，燕山期仍有强烈活动。

2）鹰潭-瑞昌大断裂

本区所见为其南段的一部分。呈北西向展布，为张剪性质。该断裂控制了晚侏罗世火山岩的分布及白垩系盆地沉积，并切穿了所有构造线。推测该断裂形成于印支运动，燕山运动仍有强烈活动。

3）湖石断裂

为通过于矿田东部（即 F1 断裂）的区域性北东向断裂，区域上也叫洪门-湖石断裂带（赵志刚等，2008）。该断裂带沿弋阳洪山、冷水坑矿田、资溪湖石、南城洪门、南丰东坪一带分布，全长约 140km。断裂总体为逆断层，具有先压后扭再张，以压（扭）为主的活动特征，走向北东、倾向北西（张垚垚等，2010）。表现为上盘（北西盘）上升、下盘（南东盘）下降。湖石断裂是冷水坑矿田以及区域内重要的导岩导矿构造，冷水坑矿田处于该断裂的上盘（北西盘）（齐有强等，2015）。断裂有宽数米至数十米的挤压破碎带，带内糜棱岩、构造透镜体发育，硅化、绢云母化、绿泥石化、黄铁矿化等蚀变强烈。沿断裂有酸性岩脉及基性岩脉侵入（赵志刚等，2008）。

该断裂带控制了银路岭、双门石、大坑山、岭西等古火山口，并对燕山期早期花岗岩、花岗斑岩的产出起着重要的控制作用。

据冷水坑矿田钻孔资料，在断裂产出部位，可见 3～5 条断裂破碎带，单条破碎带宽数米至 26.08m。区域资料显示，该断裂活动时间很长，在晚侏罗世火山活动之前就已形成，它控制了区域火山构造的边界。一直延续到区内含矿花岗斑岩形成之后（余心起等，2008）。从现有资料分析，该断裂在加里东期或华力西-印支期即已形成，并在燕山期仍有较强活动。不同时期力学性质存在一定差异：燕山期早期主要为压扭性活动，也曾一度出现张性活动；燕山期晚期主要为压扭性活动，断裂两盘位移不太大。

4）耳口断裂

耳口断裂产于湖石断裂的北西，与湖石断裂大致平行产出。沿资溪石峡、贵溪耳口一线分布，长约 90km，总体走向北东，以贵溪九龙（耳口南西）为界南西段 30°，北东段 40°～55°，整体倾向南东，倾角 40°～60°。断裂带宽十几米至近百米，带内见较多的断层角砾岩。在九龙一带见有长约 5km、宽 50～100m 的硅化破碎带，可能是裂隙式火山通道。该断裂对天台山火山断陷盆地有明显的控制作用。其性质主要表现为逆断层，活动时间和活动方式大致与湖石断裂相同。

5）冷水坑逆冲推覆构造体系

冷水坑逆冲推覆构造体系产在湖石断裂与耳口断裂之间靠近湖石断裂一侧，该推覆构造体系可分为前缘主体逆冲断裂带、中部断裂带和后缘拉张带（图 2-1）（昝芳等，2016）。

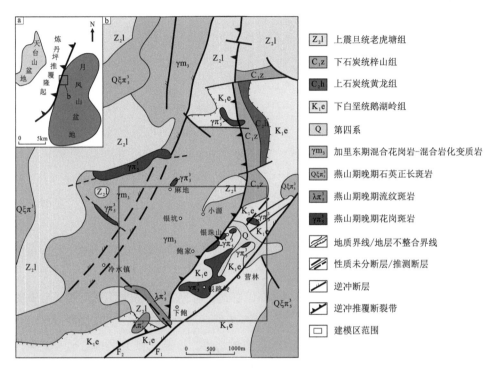

图 2-1　冷水坑推覆构造体系及外围地质图

前缘主体逆冲断裂带从冷水坑矿田中部穿过，以 F2 断裂表现最为明显；中部断裂带从麻地村西侧—冷水镇一线通过，主要由两条北东向断裂组成；后缘拉张带则被石英正长斑岩体充填，岩体的展布方向呈北东向（昝芳等，2016）。

F2 断裂分布在鲍家—银路岭—银珠山—小源—燕山—洞源一带，往南西则继续延伸，该断裂已控制走向延长约 7～8km，其表现为上震旦统变质岩或加里东期花岗岩直接覆盖在上白垩统陆相火山岩或下石炭统梓山组之上，在矿田北部洞源—云雾山一带还见有震旦系变质岩或上石炭统黄龙组灰岩成"飞来峰"孤立产出于上白垩统火山岩之上。

目前仅见于冷水坑矿田及其邻近小区域范围内。矿田内的 F2 断裂属其一部分。总体走向呈北北东向，以小源为界，往南小源－鲍家一带走向北东向，倾向北西，倾角 10°～50°；往北小源－洞源一带走向则近南北向，倾向西，倾角由大到小（近水平）再到大。从 F2 构造断面标高等值线图（图 2-2）亦可以看出其往两端尚有延伸。

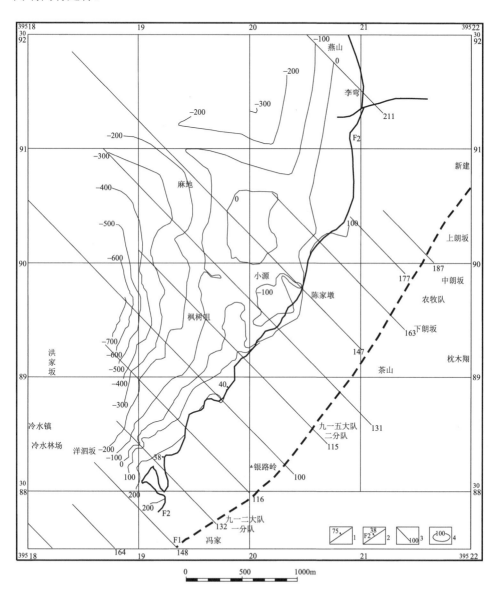

图 2-2 冷水坑矿田 F2 顶板标高等值线图

1.实（推）测区域性大断裂及产状、编号；2.实测逆掩断层及编号；3.勘探线及编号；4.F2 断层顶板标高等值线

在冷水坑矿田北东部外围的麻地、燕山、李家湾、锅板岭—龙潭一带，地表广布的变质岩中，零星出露有鹅湖岭组火山岩地层，火山岩周围被断层环绕，呈构造窗产出。

在冷水坑矿田内及其北西的麻地，也经众多钻孔证实，震旦系变质岩之下为上侏罗统火山岩，地表推覆构造接触界面见于银珠山—鲍家以北，为断层接触关系，或为燕山期早期花岗斑岩侵位。

推覆构造活动发生、发展时间在晚侏罗世火山岩成岩以后，推覆席体由震旦系变质岩构成，推覆方向自北西向南东，其根部不详（赵志刚等，2008）。

3. 火山构造

冷水坑矿田所在区域火山构造，属中国东南大陆中—新生代火山活动带的一部分。区内中生代火山岩属北武夷山火山喷发带产物，呈断陷盆地出现，其组成地层主要为上白垩统打鼓顶组、鹅湖岭组。该火山喷发带，总体受北武夷山东西向基底隆起控制，包括天台山、月凤山、黄岗山、东路山等火山构造盆地。火山构造盆地是在北东—北北东向构造断陷盆地的基础上，由火山喷发进一步沉陷而形成。单个盆地常呈北东—北北东向展布，总体排布成近东西向的火山喷发带（赵志刚等，2008）。火山喷发带基底主要为震旦系变质岩、加里东期混合花岗岩及燕山期早期花岗岩。北东—北北东向及北西向断裂发育，这些断裂控制了火山断陷盆地的形成。

冷水坑矿田位于月凤山火山断陷盆地的西北部边缘。该断陷盆地面积约500km^2，是在早期北北东向构造断陷盆地的基础上，经多次强烈的火山喷发活动，逐渐发展形成的。该火山断陷盆地有以下一些特征：

（1）火山岩基底为南华系、震旦系变质岩、加里东期混合花岗岩、燕山期早期花岗岩等。

（2）火山岩盖层分为打鼓顶组和鹅湖岭组。打鼓顶组零星出露于盆地的边缘，底部为湖盆沉积相砂砾岩、粉砂岩；中部为流纹质晶屑玻屑凝灰岩，其中夹有厚度不大的层凝灰岩、凝灰质粉砂岩；顶部为安山岩、角砾安山岩。鹅湖岭组大面积分布于盆地中，下部为流纹质晶屑凝灰岩、角砾凝灰岩、层凝灰岩、凝灰质粉砂岩等；中部为流纹岩、球泡—石泡流纹岩；上部为一套厚度巨大的流纹质熔结凝灰岩。盆地北部大部地段见鹅湖岭组直接覆盖于火山基底之上。

（3）火山岩相可分为三个相组，即火山通道相组、火山喷发相组、次火山－火山侵入相组。

（4）火山断陷盆地的边缘主要受断裂控制，盆地内的火山岩层呈内倾，倾角南东部较缓，为8°～15°，北西部较陡，为10°～35°，构成簸箕形。

（5）次火山岩十分发育，中部有孤萝山、月凤山石英正长斑岩体，出露面积约60km^2，北西边缘次火山岩体规模较小，多呈岩株、岩瘤、岩枝、岩墙产出，岩性有花岗斑岩、石英正长斑岩、流纹斑岩、闪长玢岩等。

（6）次级火山构造发育，尤其是湖石断裂附近有双门石、大坑山、闽坑、源头、岭西等火山口。火山口主要定位于近东西及近南北向断裂的交汇处，火山活动方式主要为中心式。

2.1.4　区域岩浆岩

北武夷山及邻区岩浆活动十分频繁，从加里东期至燕山期，每次构造活动都伴随相应的岩浆活动（表2-2）。燕山期为区内最主要的构造岩浆活动期，分布面广，遍及全区，岩浆侵入－火山喷发均十分强烈，以酸性岩类所占比例最大，是本区内生矿床重要的成矿时期（卢加文和孟德磊，2018）。

1. 加里东期岩浆活动及其岩类

加里东期岩浆岩区域上分布广泛，主要为加里东期中晚期产物。该期岩浆活动随着褶皱造山运动的推进而不断发育。首先发生区域性混合岩化、重熔花岗岩化，形成原地、半原地型花岗岩，随后出现混染型和岩浆侵入型花岗岩。

2. 燕山期岩浆活动及其岩类

1）燕山期早期岩浆活动

本区燕山期早期岩浆活动强烈，分布面广，侵入、喷发活动形式多样，岩石类型复杂，以酸性岩为主，次为碱性岩及少量中基性岩。

侵入岩在成因及时空分布上多与火山岩系有密切联系，分布面广，但多数规模不大，呈岩株、岩脉产出，部分为小岩基产出。为酸性岩及碱性岩类，有花岗岩、花岗斑岩、石英正长斑岩等。银路岭、双门石、出云峰、饶桥、大脚岭、孤萝山等岩体为该期产物。该期岩浆活动与成矿关系密切，区内银、铅、锌、金、铜等矿产与花岗斑岩有密切成因联系。

表 2-2　区域岩浆活动期次划分简表

年代			岩浆活动期次		侵入岩及次火山岩				
代	纪	世	期	亚期	岩性	岩性代号	岩体名称	产状	同位素年龄/Ma
中生代	白垩纪	早白垩世	燕山期	燕山晚期	钾长花岗斑岩	$\xi\gamma\pi_5^3$	银珠山	岩墙	109.9
					花岗斑岩（少斑）	$\gamma\pi_5^3$	银珠山	岩瘤	
					流纹斑岩	$\lambda\pi_5^3$	鲍家	岩脉	110
					石英正长岩	$Q\xi_5^3$	炼丹坪	岩株	124.7
	侏罗纪	晚侏罗世		燕山早期	石英正长斑岩	$Q\xi\pi_5^3$	古罗山	岩株	
					花岗斑岩	$\gamma\pi_5^3$	银路岭	小岩株	160±
					流纹斑岩	$\lambda\pi_5^3$	双门石	岩钟	
					流纹斑岩	$\lambda\pi_5^3$	大脚岭	岩筒	
					正长斑岩	$\xi\pi_5^3$	大脚岭	岩瘤	
					碎斑黑云母花岗斑岩	$\gamma\pi_5^3$	饶桥	岩株	162.8
					花岗岩	γ_5^3	高埠	岩基	167.5
古生代	志留纪－奥陶纪		加里东期	加里东中晚期	混合花岗岩	$M\gamma_3$		岩株	
					花岗伟晶岩	$\gamma\rho_3$		岩脉 岩瘤	

火山岩由打鼓顶组、鹅湖岭组两个喷发旋回组成，为安山岩－石英安山岩－英安岩－英安流纹岩－流纹岩岩石组合，主要岩石类型有：熔岩类的安山岩、英安岩、流纹岩，以岩流状产出，其中流纹岩分布最广，其他为局部或零星分布；碎屑熔岩类的英安质、流纹质的集块熔岩、角砾熔岩、凝灰熔岩分布不广；熔结火山碎屑岩类的熔结集块岩、角砾岩、凝灰岩分布很广；火山碎屑岩类的火山集块岩、角砾岩、凝灰岩与沉积火山碎屑岩、火山碎屑沉积岩分布极广；次火山岩类与火山岩在成因、时间、空间上有密切关系，以浅成、超浅成相产出，区内主要为次花岗斑岩，次石英斑岩、次流纹斑岩、英安玢岩等，多数为小小规模岩枝、岩瘤产出。

2）燕山期晚期岩浆活动

燕山期晚期岩浆活动相对较弱，岩体规模较小，多呈岩脉、岩墙、岩瘤产出；岩石类型主要有（少斑）花岗斑岩、钾长花岗斑岩、石英斑岩、流纹斑岩等。

2.2　矿田地质特征

2.2.1　地层

矿田主要为震旦系、白垩系地层，在东北部零星出露石炭系地层。各地层单元的分布及岩性组合介绍如下：

1. 震旦系

老虎塘组（Z_2l）

仅见上震旦统老虎塘组中上段（Z_2l^{2-3}），主要分布在矿区北部－西南部及矿区较深部位，变质程度相对较深。岩性主要有云母石英片岩、石英云母片岩、黑云斜长片麻岩等。岩石有不同程度的混合岩化作用，形成混合岩化岩石或混合岩等。岩石中片理、片麻理产状主要为走向北东约 45°，倾向南东，倾角变化较大（卢加文和孟德磊，2018）。地层厚度>1000m。

2. 石炭系

梓山组（C_1z）

地表分布于矿田东北部小源一带，与鹅湖岭组火山岩呈断层接触，为一套海陆交互相－浅海相含煤建造及碳酸盐建造。其岩性主要有石英砂砾岩、石英砂岩及紫红色粉砂岩，间夹碳质泥岩及煤线。

3. 白垩系

白垩系地层广泛分布于矿田内，为晚白垩世的一套钙碱－碱钙性系列陆相火山杂岩（张垚垚等，2010）。依其火山活动特点、岩性岩相组合特征及标志层，划分为两个组：下部打鼓顶组和上部鹅湖岭组。与下伏震旦系老虎塘组、石炭系梓山组地层为喷发不整合接触。

1）打鼓顶组（K_1d）

下段上部为浅灰色、紫红色流纹质玻屑熔结凝灰岩和肉红色流纹岩，局部夹石泡流纹岩；下部为浅灰色流纹质晶屑凝灰岩、玻屑凝灰岩，局部夹流纹质熔结凝灰岩；底部为砂砾岩。下段总厚达 308m。上段上部为灰绿色－暗紫色杏仁状安山岩、粗安岩、碱玄岩、自碎角砾安山岩、沉角砾凝灰岩；下部为浅灰－浅紫色流纹质含集块角砾凝灰岩；银坑一带底部为凝灰质粉砂岩、沉凝灰岩夹铁锰碳酸盐岩（钱迈平等，2015），是层状型矿体银铅锌（铁锰）矿的主要赋存层位。上段总厚度大于 165m。

前人学者对流纹质熔结凝灰岩进行 K-Ar 法同位素测年，年龄为 141Ma，上部安山岩 K-Ar 法同位素年龄值为 158.2Ma（赵志刚等，2008），另在相山测得该组火山岩地层年龄为 165Ma。该组与下伏震旦系、石炭系地层为不整合接触。

2）鹅湖岭组（K_1e）

下段上部为浅灰色、紫红色流纹质熔结凝灰岩和紫红色块状流纹岩；下部为流纹质晶屑凝灰岩、熔结凝灰岩；底部为沉凝灰岩、凝灰质含砾砂岩及粉砂岩夹白云质灰岩（铁锰碳酸盐岩）等。亦是层状型矿体银铅锌（铁锰）矿的主要赋存层位之一，厚度>423m（钱迈平等，2015）。鹅湖岭组下段呈假整合覆盖于打鼓顶组之上。

中段上部为流纹岩；下部为流纹质熔结凝灰岩、集块角砾熔结凝灰岩；底部为流纹质凝灰岩、凝灰质粉砂岩局部夹灰岩透镜体或含钙质结核，中段总厚度为 241～398.5m。

上段上部为强熔结凝灰岩；下部为流纹质含角砾熔结凝灰岩、流纹质凝灰角砾岩及凝灰岩等，上段总厚度为 160～1300m。

上述火山岩主要岩性特征如下：

晶屑凝灰岩：浅灰－灰白色或带浅肉红色，晶屑凝灰结构，局部角砾凝灰结构，块状构造。主要由石英、钾长石、斜长石、黑云母的晶屑和火山灰（凝灰质）、塑性玻屑及少量岩屑等组成（孟祥金等，2012）。晶屑大部分呈棱角状，粒度大小不一，一般为 0.5～2.0mm，大者可达 5～8mm。晶屑含量约 50%～60%。当晶屑粒度>2mm 者超过三分之一时为粗晶屑凝灰岩；局部角砾含量达 5%～30%时为角砾晶屑凝灰岩。胶结物为凝灰质及塑性玻屑，其含量约占 40%～50%。

复成分角砾岩：浅灰－灰白色，角砾凝灰结构，角砾状构造。由角砾、塑性玻屑、岩屑等组成。角砾成分有片岩、片麻岩、混合花岗岩、花岗伟晶岩、脉石英等，呈棱角状、长条状、团块状等，砾径一般为 0.2～5cm，大者达 10～20cm，含量约占 65%～70%。塑性玻屑约占 15%～20%。岩屑占 10%左右。晶屑为石英、长石等，呈棱角状及次浑圆状，约占 3%～5%，胶结物为凝灰质。

石英正长质角砾凝灰岩：肉红色、浅灰绿色，凝灰角砾结构，角砾状、块状构造。角砾成分主要有正长石、石英、正长花岗岩、石英正长岩，偶见混合花岗岩、花岗伟晶岩、片岩角砾。角砾呈棱角状、次棱角状，大小不一，小者 0.2～0.5cm，大者 10～15cm，一般为 1～6cm。胶结物为凝灰质及细小的正长花岗岩碎屑等。凝灰质砂岩、粉砂岩：紫红、灰绿色，砂状－粉砂状结构，薄似层状构造。碎屑成分为石英、斜长石、岩屑、白云母等。胶结物主要为绢云母、碳酸盐或泥质，次要为凝灰质、硅质等。碎屑物含量一般为 15%～50%，多者达到 75%左右。岩石层理发育，韵律清晰，韵律层厚度一般为 10～20cm。该层可作为火山岩层位对比标志层。

沉凝灰岩：灰－暗灰色，凝灰结构，似层状构造。具有韵律，韵律层单层厚几毫米，韵律层底部碎屑较粗，往上变细。主要由晶屑玻屑组成，见少量角砾。晶屑主要为石英、长石、白云母等。石英呈棱角状，粒度一般为 1～2mm，含量为 1%～20%，局部含量较高，达 30%～40%。长石主要为钾长石，呈肉红色，棱角状，粒径一般较小，多小于 1mm，斜长石少见，长石含量为 5%～15%，局部达 20%～30%。白云母呈片状，含量甚微。凝灰质含量 10%～20%。角砾呈棱角状、不规则状，粒径大小不一，从 2mm 到 5mm，角砾分布不均匀，当角砾占一定比例时形成层凝灰角砾岩或层角砾凝灰岩。

安山岩：深灰－灰绿色，斑状结构，块状、气孔及杏仁状构造。斑晶为辉石、中性斜长石、黑云母、角闪石等，斑晶含量为 15%～25%。辉石呈柱状、粒状、具绿泥石化；斜长石板状、板条状；黑云母和角闪石分别呈片状、长柱状，含量相对较少。基质为隐晶质或玻璃质，含量为 65%～75%。气孔中常为碳酸盐矿物及次生石英充填。

流纹岩：灰－灰紫色，斑状结构，流纹构造。斑晶主要为石英、钾长石、斜长石，偶见黑云母等，斑晶含量为 7%～15%，且以石英斑晶为主。石英斑晶呈自形六方双锥，具裂纹和熔蚀现象，粒径为 0.3～1.5mm。钾长石自形－半自形柱状，粒径为 0.5～1mm，斜长石自形板状，粒径多小于 1mm，含量甚微。基质致密，为脱玻的长英质，含量为 85%～93%。岩石不具流动构造而为块状构造者称为块状流纹岩，具石泡及流动构造者称为石泡流纹岩。

熔结凝灰岩：灰、浅肉红色，熔结凝灰结构，似流动构造。由塑性玻屑、塑性岩屑和石英、长石晶屑及少量刚性岩屑组成。塑性岩屑呈小团块状、透镜状、撕裂状或条带状、条纹状等，大小为5~20mm×0.5~3mm，含量为10%~15%，塑性玻屑呈条纹状、火焰状，含量为65%~80%。晶屑呈棱角状，主要为石英、长石，粒径大小不一，小者0.1mm，大者可达4mm，含量为10%~17%。少量岩屑为流纹岩、凝灰岩。

4. 第四系

有冲积层和残坡积层。冲积层主要分布在山沟、地形低洼处等，主要由砾石、砂砾、砂土（亚砂土）等组成；残坡积层则为下伏基岩风化堆积而成，由岩块、碎石、砂土等组成。厚度多小于15m。

2.2.2 构造

矿田构造以断裂构造为主，主要表现为断层发育，其次变质基底及火山岩地层构成简单的褶皱构造（龚雪婧等，2019）。

1. 褶皱

矿田褶皱构造不发育，主要见于震旦系变质岩地层中，褶皱轴向为北东向及北西向，以北东向的紧密线型褶皱为主，规模不大，从数米至数百米，有等斜、闭合、倒转等褶皱形态。北西向褶皱规模较小，多为北东向褶皱的派生产物（余心起等，2008）。

矿田出露的白垩系火山岩地层，组成总体倾向南东、倾角为10°~30°的缓倾单斜构造。单斜构造的局部见有轴向为北西向的横向褶曲，呈缓波状起伏，为后期北东－南西向挤压作用的结果。

2. 断裂

矿田断裂构造发育，以北东向和北西向两组断裂构造为主，在地下深部上白垩统打鼓顶组火山岩中还见有层间断裂构造（杨志鹏和付文树，2014）。

1）北东向断裂

矿田北东向断裂主要有F1、F2断裂。

F1断裂：分布于矿区南东角，是区域性湖石断裂的中段部分。走向为北东

40°~50°，倾向北西，倾角为 50°~75°。沿断裂两侧有数米至数十米的挤压破碎带，断裂带宽数米至数十米不等，带内的构造岩有碎裂岩、角砾岩、碎斑岩、碎粉岩等，构造透镜体发育。断裂旁侧节理发育，在华家、岭西一带，该断裂北西盘一侧百米范围内，剪节理十分发育，可达 5~15 条/m，节理走向北东，倾向北西，倾角 60° 左右。沿断裂有酸性岩脉贯入。据钻孔资料，在断裂产出部位，可见 3~5 条断裂破碎带，单条破碎带宽数米至 26.08m。区域资料显示，F1 断裂活动时间很长，在白垩世火山活动之前就已形成，它控制了区域火山构造的边界。一直延续到区内含矿花岗斑岩形成之后。断裂带内的碎裂花岗斑岩的显微构造研究表明，石英斑晶中发育多组毕姆纹，其中东西向一组最为明显，密集排列，形成于早期，后期发育一组北西向剪切裂隙，同时可见一组近北东向张裂纹穿过斑晶及基质，新生石英充填于其中，显示出晚期的张性构造活动。断裂总体为逆断层，具有先压后扭再张，以压（扭）为主的活动特征。F1 断裂是冷水坑矿田重要的导岩导矿构造，冷水坑矿田处于 F1 断裂的上盘（北西盘），到目前为止下盘（南东盘）尚未发现工业矿体（齐有强等，2015）。

F2 断裂：分布于矿区中部，为一推覆构造，为区域推覆构造在矿田的出露部分。上震旦统变质岩被该断裂推覆至白垩系火山岩之上。总体走向北东 45°，倾向北西，倾角为 15°~35°，断裂破碎带宽数米至 40m，带内糜棱岩、断层角砾岩、碎裂岩及构造透镜体发育。据钻探工程资料，该断裂垂直推覆距离大于 1000m。断裂产状从浅部至深部，呈断坪－断坡－断坪－断坡状变化，即接近地表较缓约 5°~20°，中部较陡约 30°~45°，深部又变缓约 10°~20°，更深部又有变陡趋势。糜棱岩带多发育在断裂带较宽部位，常见有碳质。断裂破碎带中见有硅化、绿泥石化、碳酸盐化、绢云母化、黄铁矿化及银铅锌矿化等。由于该断裂在近地表倾角较小，在平面上受地形影响，断裂多表现弯曲，呈港湾状、弧状等。F2 上盘变质岩厚数十米至数百米不等，其推移方向自北西至南东。钻探工程资料显示，该断裂下盘原地系统仍保持正常的地层层序，白垩系火山岩之下的石炭系梓山组、震旦系老虎塘组地层见于−600m 标高以下，基本保持火山喷发时的古地貌特征，仅靠近 F2 断裂处发生局部褶曲。

F2 断裂构造旁侧的次级派生断裂、裂隙较发育，展布方向有北东向、北北东向、近东西向、近南北向及北西向五组。派生断裂构造的延伸规模、位移均相对较小，但其与成矿关系比较密切，为重要的容矿储矿构造（龚雪婧等，2019）。

F2 主要形成于白垩世鹅湖岭火山岩喷发旋回以后、花岗斑岩入侵前。花岗斑岩、流纹斑岩沿断裂带贯入（徐贻赣等，2013）。岩体顶面与变质岩、混合岩直接接触，界面平整清晰，变质岩中见有花岗斑岩岩枝侵入和银铅锌硫化物矿脉充填（周显荣等，2011）。花岗斑岩体与银铅锌矿体的产状均明显受到近南北与近东西向两组追踪断裂的控制，从而显示 F2 控制了岩体就位与储矿空间（王长明等，2011）。由于 F2 上盘上震旦统变质岩的良好封闭条件，含矿流体在屏蔽环境中得以进行充分交代、充填而成矿。

2）北西向断裂

北西向断裂在区内位于矿田北东，分布于火山岩中。其走向为 340°，倾向南西，倾角为 45°～65°，长数百米至数公里，断裂面不平整。破碎带宽 1～5m，主要由构造角砾岩组成。少数断层在平面上追踪呈"之"字形延伸，显示张性或扭性特点。南西盘相对下降，地貌上表现为负地形，为一张（扭）性断裂。该断裂形成时间相对较晚，切割了鹅湖岭组地层、燕山期中期花岗斑岩以及 F2 断裂等，北西向断裂还充填有燕山期晚期流纹斑岩及钾长花岗斑岩脉体。

3）层间断裂破碎带

层间断裂破碎带主要发育在矿田深部上白垩统火山碎屑岩夹铁锰碳酸盐岩、硅质岩等层位中。层间断裂产状与火山岩地层产状基本一致，走向北东，倾向南东，倾角为 5°～25°。断裂破碎带厚度从几米至四十余米不等，平面上在 130～136 线厚度稍大。主要由构造角砾岩、碎裂岩等组成，角砾成分主要有铁锰碳酸盐岩，石英正长质角砾岩，次为晶屑凝灰岩，还见有闪锌矿交代长石（或铁锰矿物）角砾形成闪锌矿"角砾"。角砾形状有次棱角状-次圆状，少量见浑圆状等（王长明等，2011）。

层间破碎带与成矿关系非常密切，矿田内层状铁锰碳酸盐银铅锌（金）矿体即赋存其中。火山岩地层内的层间断裂破碎带为区内重要的控矿储矿构造（黄水保等，2012）。

3. 裂隙

区内裂隙很发育，不同时期、不同方向、不同成因的裂隙呈网状交织。

裂隙主要有四种：断裂构造旁侧派生的羽状或"X"形共轭裂隙、含矿岩体上侵形成的"顶冲"裂隙、含矿岩体内部的冷凝裂隙和含矿岩体隐蔽爆发作用形成的隐爆裂隙。它们有互相迁就利用、网状交织发育和多期次活动的特点。大多数裂隙有一定方向性，以走向北东、倾向北西一组为主，走向北西、倾向南西一组次之。裂隙与断裂的关系非常密切，在断裂旁侧裂隙密度较大，可达 100 条/m，远离断裂一般每米几条至十余条。以走向北东，倾向北西，以及走向北西，倾向南西两组最为发育。地质体不同，其裂隙发育程度也有所差异：火山岩中，裂隙发育程度相对较低；含矿岩体中裂隙组较多，但规律性不明显，显示与成岩冷凝裂隙、隐爆裂隙有关。含矿岩体前缘部位及与围岩接触带部位，在构造作用和岩浆侵入作用、隐爆作用的共同影响下，裂隙相对发育，可形成产状较乱的裂隙带，成为矿化富集的良好场所。

裂隙根据其含矿性可分为含矿裂隙与不含矿裂隙，含矿裂隙主要有两组，一组为走向北东，倾向北西，倾角 30°～50°；另一组为走向北西，倾向南西，倾角 20°～80°不等。不含矿裂隙则以扭（压）性为主，占总数的 80%以上。

2.2.3　岩浆岩

矿田内岩浆岩主要为加里东期中晚期、燕山期中期和燕山期晚期产物，以燕山期中期岩浆活动最为强烈。加里东期中晚期岩浆岩主要为混合花岗岩、花岗伟晶岩等，为原地型或半原地型花岗岩。围岩为震旦系变质岩。燕山期中期主要形成浅成—超浅成的侵入岩体，岩性主要有花岗斑岩及石英正长斑岩。燕山期晚期则主要形成流纹斑岩和钾长花岗斑岩，其岩体规模较小，主要呈岩脉、岩墙、岩瘤或岩盆产出，燕山期晚期岩脉切割了较早（燕山期中期）的岩脉。与矿化关系密切的岩浆岩为花岗斑岩，分布于矿田的中部（何细荣等，2010）。

1. 花岗斑岩

分布于矿田的中部，自北西向南东呈不规则岩株状产出。呈浅灰—浅灰绿色，块状构造，斑状结构，斑晶主要为石英和斜长石（15%～35%），粒径大小不一为 0.5～5mm，基质（65%～85%）多为显微花岗结构。主要矿物组成有斜长石（35%～45%）、石英（25%～30%）、钾长石（15%～20%），黑云母较少（1%～2%），副矿物见磷灰石、锆石等（龚雪婧等，2019）。

2. 石英正长斑岩

分布于矿田北东侧，呈岩株状产出。岩石呈深灰色，斑状结构，块状构造。

基质为显微嵌晶结构和显微文象结构。斑晶含量为 33%～55%，主要有钾长石、斜长石、黑云母。斑晶大小悬殊，一般为 0.8mm×1.2mm～2.5mm×3.5mm，小者 0.2mm×0.5mm，大者 3.5mm×7.5mm。基质由微粒钾长石、石英和黑云母等矿物组成，粒径为 0.05～0.1mm。

3. 流纹斑岩

出露于矿田西南部，呈小岩株、岩墙产出。明显受北西向或北东向断裂控制。地表出露面积 $0.12km^2$。岩石呈浅灰—浅肉红色，斑状结构，岩体边缘为少斑结构，具流动构造，基质为隐晶质结构。斑晶含量为 8%～12%，主要成分为石英、钾长石、斜长石和黑云母，粒径为 0.5～1.2mm，基质由隐晶质长石、石英组成。岩石全岩 K-Ar 法测定年龄为 110Ma，属燕山期晚期产物。

流纹斑岩矿化蚀变较弱，仅在一些裂隙（构造）发育处见有绿泥石化、碳酸盐化、硅化等，偶见星点状黄铁（铅锌）矿化，属成矿后侵入体，对矿体有一定破坏作用。

4. 钾长花岗斑岩

矿田内仅零星分布，呈短脉状产出，矿田外围北东见较大规模的岩脉或岩墙。岩石呈肉红色，斑状或少斑结构。斑晶成分有钾长石、石英等，以钾长石为主，斑晶自形程度较高，含量为 5%～8%。基质为显微花岗结构（左力艳等，2008）。岩脉边部斑晶含量减少，矿物颗粒也明显较小，并见有微弱的黄铁矿化。钾长花岗斑岩全岩 K-Ar 年龄为 109.6Ma，亦属燕山期晚期产物，晚于矿化花岗斑岩。

2.2.4 矿床特征

1. 矿床类型

根据矿化特点与成矿作用的不同，冷水坑矿田的矿床类型主要有两类，即斑岩型矿床和层控叠生型矿床（罗渌川等，2014）。斑岩型矿床，其成矿作用属陆壳重熔花岗岩类火山期后中温热液矿床，而层控叠生型矿床，其成矿作用属内陆湖盆相火山沉积-岩浆叠加改造复成矿床。二类矿床在矿田内体现出较为紧密的空间关系，同时在赋存部位、矿化特点、矿体形态规模、矿石组构、矿化元素组合及成矿方式等方面各有其独特之处（孟祥金等，2009）。两类矿床的主要特征列于表

2-3 中。两类矿床中主要矿化元素 Ag、Pb、Zn 均富集成独立矿体，其中的独立
Ag 和伴生 Ag 储量达特大型规模，次要元素 Au、Cu 也局部富集成独立矿体，还
伴生 Cd、In 等有益元素，Pb、Zn 及伴生的 Cd、Au 储量亦相当可观，经济价值
巨大。

2. 矿体特征

矿田产出的斑岩型矿体按矿石有用组分分为银矿体、铅锌矿体、金矿体、铜
矿体等，以银矿体、铅锌矿体为主，金矿体及铜矿体分布零散。银矿体多与铅锌
矿体相伴产出。

表 2-3　冷水坑矿田矿床类型及其特征

矿床类型	斑岩型矿床	层控叠生型矿床
赋存部位	矿体产于燕山期中期第二阶段花岗斑岩体内带及接触带附近	矿体分别产于下白垩统打鼓顶组下段、鹅湖岭组下段火山碎屑岩－碳酸盐岩、硅质岩建造中。靠近花岗斑岩体时即有层控叠生型铁锰－银铅锌矿体产出
矿体形态	透镜状	似层状、规则透镜状
矿体产状	总体上与花岗斑岩体产状一致，倾向北西	与火山岩地层产状基本一致，总体向南东倾
围岩蚀变	面型绿泥石化、绢云母化、碳酸盐化及黄铁矿化、硅化等	碳酸盐化、弱绢云母化及线型绿泥石化等蚀变
矿物组合	黄铁矿、闪锌矿、方铅矿、螺状硫银矿、自然银、石英、钾长石、斜长石、绿泥石、绢云母等	铁锰碳酸盐矿物、白云石、石英、碧玉、磁铁矿、赤铁矿、闪锌矿、方铅矿、螺状硫银矿、自然银等
矿石组构	细中粒半自形、他形粒状结构，交代结构。细脉浸染状、脉状构造为主	铁锰碳酸盐矿物的鲕状、细粒他形粒状结构，细中粒半自形、他形粒状结构，交代结构。块状构造、细脉浸染状、脉状构造
元素组合	Ag-Pb-Zn-Cd-Cu-Au	Ag-Pb-Zn-Cd-Au
埋藏情况	以隐伏矿为主，部分出露地表	隐伏状
成矿方式	斑岩岩浆中温热液交代	火山沉积期后热液－岩浆气液交代充填

1）斑岩型矿体

斑岩型矿体在平面上大致呈北东向带状分布，随银路岭赋矿斑岩体产出。矿
体多呈透镜状产于花岗斑岩前缘带、主体带及接触带附近，部分产于岩体近根部
带及外带火山岩中，产状与花岗斑岩产状一致，走向北东，倾向北西，矿体倾角

浅部至中浅部为 10°～30°，中深部为 35°～50°（齐有强等，2015）。总体上斑岩型矿体的分布与矿田蚀变叠加分布具有一定的空间联系：沿赋矿岩体倾斜方向的近根部带－主体带－前缘带和沿赋矿岩体水平方向的内带－接触带－外带火山岩，依次产出绿泥石绢云母化带中的铜矿体、绢云母碳酸盐化硅化带中的铅锌矿体和碳酸盐绢云母化带中的银矿体。斑岩型矿体总的特点是：矿体多为透镜状，形态相对较规则，矿石含银铅锌金铜，中低品位，但银矿及铅锌矿规模大；矿化由强至弱渐变过渡，工业矿体的边界完全依靠化验结果进行圈定；矿石的主要矿物组成简单，而次要矿物及少量微量矿物成分较复杂；矿石结构构造多种多样，而组成的矿石类型较简单；具有多阶段成矿，形成不同类型的矿物共生组合。

　　2）层控叠生型矿体

　　层控叠生型矿体包括火山沉积－变质作用形成的铁锰碳酸盐银铅锌矿体以及磁铁矿体或磁铁矿化铁锰碳酸盐银铅锌矿体（简称铁锰矿体），均产于下白垩统陆相火山岩含矿层中。由于火山沉积层中的铁锰碳酸盐层受到冷水坑花岗斑岩的叠加作用，从而形成层控叠生型的铁锰银矿体、铁锰铅锌矿体，以及局部产出的铁锰金矿体。铁锰含矿层是指由长英质火山角砾岩、铁锰碳酸盐岩、白云岩、硅质岩、偶见层凝灰岩等组成的一套岩石类型及韵律结构均较复杂的火山碎屑岩－碳酸盐岩－硅质岩含矿建造。它们产于下白垩统打鼓顶组下段与鹅湖岭组下段火山岩中。

　　与铁锰碳酸盐矿体在空间上有联系的矿体组合为铁锰碳酸盐矿体－磁铁矿体组合。磁铁矿体或磁铁矿化铁锰碳酸盐矿体的分布范围明显受银路岭花岗斑岩体控制。在走向上与倾向上，磁铁矿体与铁锰碳酸盐矿体均具为过渡关系，磁铁矿体系层控型铁锰矿体受次火山高温变质改造作用而成。

　　层控叠生型的银铅锌矿化作用的强弱与距花岗斑岩的空间距离远近有明显的依存关系，当铁锰矿体靠近斑岩体时，交代作用明显增强，银铅锌矿化强烈，体受到铁锰含矿层及其附近的层间裂隙带的明显控制，形成顺层交代，银铅锌矿体与铁锰矿体的产状基本一致，有时未交代完铁锰矿体而位于铁锰矿体内，有时又超出铁锰矿体的范围。当距斑岩体较远时，交代作用明显减弱，甚至没有银铅锌矿化交代发生。层控叠生型铁锰银铅锌矿体可以分为铁锰银矿体、铁锰铅锌矿体等，以铁锰银矿体为主。均为隐伏状，呈似层状或规则透镜状赋存于白垩系火山岩地层中。

3. 矿体空间分布与矿化特点

（1）沿早期火山沉积的铁锰碳酸盐矿体及含矿层的层间破碎带顺层交代形成的具有层控特性的铁锰银矿或铁锰铅锌矿及局部产出的铁锰金矿体，与火山岩及铁锰含矿层展布规律相一致，而与斑岩型矿体产状完全不同。

（2）铁锰碳酸盐矿体在靠近斑岩体时，逐渐过渡为磁铁矿体。同时，银铅锌矿化及金矿化也相应逐渐增强，而远离花岗斑岩体，矿化明显较弱（黄水保等，2012）。如在矿田的北部、东部及南部等远离斑岩体的层状铁锰矿体，没有或仅有微弱的银铅锌（金）矿化，不能构成银铅锌（金）矿体。

（3）层控叠加型的银矿化富集中心主要在下鲍及营林一带，矿体银铅锌平均品位均高于斑岩型矿体，而金矿化分布较为零散（罗泽雄等，2011）。

（4）层控叠生型矿体均隐伏于矿田深部。已控制的成矿深度分别为：下鲍及银坑矿区近426m，营林矿区近213m。矿体赋存标高变化较大：下鲍及银坑矿区为-465～-3m，营林矿区为+40～+253m。中上部含矿层受到 F2 断裂破坏。银铅锌矿体沿倾向下延一定深度，随铁锰矿体的逐渐尖灭而矿化减弱。

（5）层控叠生型矿体见碳酸盐化、绢云母化及线型绿泥石化，但蚀变不具明显的分带现象。

（6）层控叠生型矿体产于下白垩统陆相火山岩中，并受次火山期后热液作用的叠加控制，矿体类型较简单，矿体产状较稳定，形态也相对较简单。主矿体内部银铅锌矿化连续性较好（昝芳等，2016）。

第3章 三维地质建模与成矿空间分布规律

3.1 数据采集与三维地质数据库建设

3.1.1 资料收集与整理

1. 地形图

三维地质模型中的数字高程模型（digital elevation model，DEM）面是运用地形数据构建的。矿床模型的 DEM 面是利用矿区地形地质图中的等高线所构建，比例尺为 1∶10000。地形数据的几何校正、误差校正、投影变换、矢量化等处理在 MapGIS 中完成。地形数据在 MapGIS 软件中矢量化之后赋予高程值，等高线的文件名和属性名均采用英文字母、数字命名，不能用汉字和特殊字符，以免数据导入建模软件过程中出错（吴志春等，2016a）。矢量化的地形数据在 MapGIS 软件中进行投影变换，坐标系为平面直角坐标系，椭球参数为 2000 国家大地坐标系，投影类型为高斯-克吕格（等角横切椭圆柱）投影，选用 3°分带，带号为 39。将地形图中的等高线转换成 DXF 格式，再导入 Micromine、GOCAD 软件中。等高线中已有高程属性，导入后直接为立体数据，然后通过等高线构建 DEM 面。

2. 地质图

地质图是三维地质建模中必不可少的基础数据之一。地质图数据格式类型有矢量和栅格两种。矢量地质图的处理方法与地形图处理方法相同。栅格地质图的处理，首先需要进行几何校正，消除扫描图像中存在的变形，给图像赋予地理参数。然后在 MapGIS 软件中生成与栅格地质图内容一致的图框，在"图像处理"模块中对地质图进行逐格网几何校正（吴志春等，2016a）。MapGIS 软件生成图框时默认左下角平移为原点和旋转图框底边为水平，生成图框过程中应将这两个复选框选项中的对号去除（吴志春等，2016a）。将校正后的地质图裁剪成矩形，读取矩形图像的四个角点坐标，读取的坐标只有 x 值和 y 值。最后将 MSI 格式的地质图转换成 TIF 格式，将 TIF 格式的矩形地质图导入 GOCAD 软件。在 Voxet 菜单中，运用"角点坐标校正图像"功能对地质图进行三维校正，此时输入的 z 值可以为任意值，但四个角点输入的 z 值应相同。导入后的地质图依然为平面图件，将栅格地质图设置成 DEM 面的纹理，地质图可成为立体图件。

3. 钻孔柱状图

钻孔数据精度高，是本次三维地质建模重要建模数据之一。本次建模所采用的钻孔数据来源于勘探线剖面图和钻孔柱状图，因此首先要将图中的钻孔数据整理为钻孔位置信息表、钻孔测斜信息表、钻孔分层信息表、钻孔样品分析数据表 4 个 excel 表格，以方便钻孔的使用与管理。钻孔位置信息表中包含钻孔名、开孔坐标（x、y、z）、钻孔深度等信息；钻孔测斜信息表中包含钻孔名、终孔深度、倾角、方位角等信息；钻孔分层信息表中包含钻孔名、分层深度、分层代号等信息；钻孔样品分析数据表中包含钻孔编号、样品编号、样品长度信息（自、至、样长）、Ag、Pb、Zn 等内容。钻孔测斜信息表中的倾角为钻孔与 Z 轴所交的锐角，测斜数据需要从开孔位置处开始算起。将 excel 表转换成文本文件，按钻孔测斜信息表、钻孔位置信息表、钻孔分层信息表、钻孔样品分析数据表顺序依次导入建模软件。本次建模共数字化 357 个钻孔柱状图，完成矿田 1941 张钻孔柱状图全部数字化。

4. 勘探线剖面图

勘探线剖面图件投影参数类型多样，椭球参数有北京 54 坐标系、西安 80 坐标系、2000 国家大地坐标系等。比例尺主要以 1:500 和 1:1000 为主。数据格式类型多样，主要以 JPG 图片格式、MapGIS 软件矢量图格式、CAD 软件矢量图格式等为主。勘探线剖面图导入建模软件的方法与栅格地质图导入软件的方法基本相同。唯一不同之处是读取矩形图四个角点坐标之后，根据勘探线剖面图所处位置和走向换算出四个角点的三维空间坐标（x、y、z），地质图校正时输入的 z 值可以是任意的相同值，勘探线剖面图校正时输入的 z 值是换算后的坐标值（吴志春等，2016b）。

所有建模数据预处理完成之后，将其导入建模软件，统一到同一三维空间内，分别进行归类存储，并按确定的建模单元进行数据整理，构建涵盖所有建模数据的原始资料数据库（表3-1、表3-2）。

表3-1 建模数据预处理情况一览表

	地质图	地形图	勘探线剖面图	中段平面图	钻孔柱状图
总收集量	9	8	63	15	1941
数据转化格式	9	8	55	15	513
几何校正	9	8	55	15	0
投影变化	9	8	55	15	0
数字化	0	8	55	15	1941

表3-2 钻孔柱状图数字化一览表

	钻孔	测斜	样品分析数据	地层分层数据
总收集量	9	8	63	15
数字化	0	8	55	15

3.1.2 三维数据库构建

钻孔数据库是构建三维地质模型的重要基础。在 SKUA-GOCAD 软件中，钻孔的加载方式不同于其他三维建模软件，对于钻孔位置（location）与钻孔路径（path）的加载顺序有要求。钻孔数据的加载需要以下几个步骤：①加载钻孔路径（path）信息，即钻孔的测斜数据，包括 wellname（钻孔名称）、amizuth（方位角）、inclination（倾角）、depth（孔深）等，至此钻孔路径数据加载完毕；②加载钻孔位置信息，即钻孔定位表，包括 X（东坐标）、Y（北坐标）、Z（高程）、最大孔深（max_depth）等信息；③加载地层分层（maker）数据，即岩性及断裂的信息，加载数据包括：wellname、depth、maker（地层或岩体的岩性标注）；④加载样品分析数据（grade），通过 well（井）-log（测井曲线）-intervallog（间隔性测井曲线）加载，需要添加加载项 grade。在 Micromine 软件中，只需验证钻孔井口信息表、测斜表、样品分析结果表无误后，即可生成钻孔数据库。

3.1.3　三维空间钻孔显示

矿田内共有钻孔 1941 个，此次建模用到的有 513 个，通过上述方法构建矿床的钻孔模型（图 3-1），部分钻孔由于时间太过久远，信息缺失，部分钻孔不在本次研究范围之内，故不参与此次建模。建模范围主体区域钻孔密度较大，对后期建立的模型有很好的约束作用，可以保证建立的模型准确度较高。

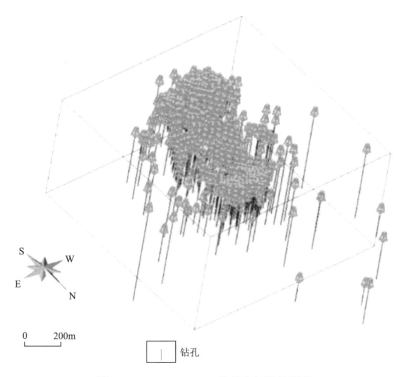

图 3-1　SKUA-GOCAD 软件中钻孔数据库

3.2　三维地质模型构建

3.2.1　三维模型的构建方法

根据勘查工作程度图和建模数据源，选择地质填图数据建模、钻孔数据建模、勘查线剖面数据建模及多源数据融合建模等建模方法（解天赐等，2022）。

在勘查程度较低，仅进行了地质填图的区域，采用地质填图数据建模方法，利用地质图的图切地质剖面建模。数据全部来源于地质图件及地质填图资料，是基于专家知识经验对平面地质图信息的解译。此次建模，三维立体填图北部区域运用地质填图数据建模。

冷水坑矿田三维地质建模区域勘查程度较高，积累了大量的钻孔、勘探线剖面图数据，运用多元数据融合建模方法，以真三维形式表达建模区域的地质结构空间分布特征和内部属性信息（周良辰等，2007；王立立等，2024）。

3.2.2 三维地质建模流程

基于 Micromine 与 SKUA-GOCAD 三维建模软件开展本次矿田三维建模，建模流程见图 3-2。

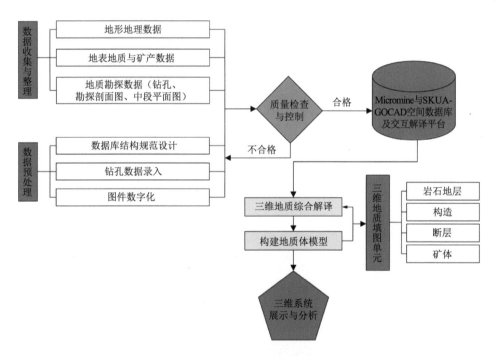

图 3-2　三维建模流程图

3.2.3 三维地质模型分析

冷水坑矿田三维地质综合模型（图 3-3）包括矿田内地层、岩体、断裂以及矿体（矿化域）模型，将空间地质要素耦合在一起，表达地质要素空间关系。该矿田的建模范围为 X:3087420～3090920；Y：39518000～39521500，面积为 10.89km^2，模型建模深度为 –1200m 以浅。建模单元有上白垩统鹅湖岭组上段（K$_1$e^3），上白垩统鹅湖岭组中段（K$_1$e^2），上白垩统鹅湖岭组下段（K$_1$e^1），上白垩统打鼓顶组（K$_1$d），石炭系梓山组（C$_1$z），上震旦统老虎塘组（Z$_2$l），燕山期晚期流纹斑岩（$\lambda\pi_5^3$），燕山期晚期钾长花岗斑岩（$\xi\gamma\pi_5^3$），燕山期晚期花岗斑岩（$\gamma\pi_5^3$），燕山期早期花岗斑岩（$\gamma\pi_5^2$），F1、F2 断裂和矿体（矿化域）。其中，除上白垩统打鼓顶组、石炭系梓山组、燕山期晚期花岗斑岩、燕山期晚期钾长花岗斑岩未出露地表外，其余地层、岩体及断裂均见地表出露（王立立等，2024）。

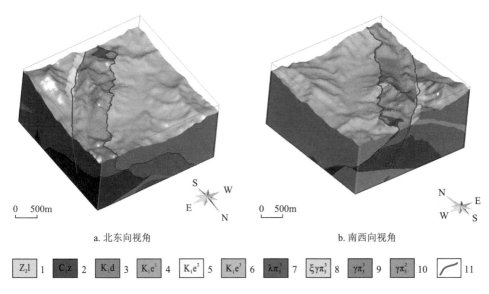

a. 北东向视角　　　　　　　　　　b. 南西向视角

| Z$_2$l 1 | C$_1$z 2 | K$_1$d 3 | K$_1$e^1 4 | K$_1$e^2 5 | K$_1$e^3 6 | $\lambda\pi_5^3$ 7 | $\xi\gamma\pi_5^3$ 8 | $\gamma\pi_5^3$ 9 | $\gamma\pi_5^2$ 10 | ⌒ 11 |

图 3-3　冷水坑矿田综合三维地质模型

1.上震旦统老虎塘组；2.石炭系梓山组；3.上白垩统打鼓顶组；4.上白垩统鹅湖岭组下段；5.上白垩统鹅湖岭组中段；6.上白垩统鹅湖岭组上段；7.燕山期晚期流纹斑岩；8.燕山期晚期钾长花岗斑岩；9.燕山期晚期花岗斑岩；10.燕山期早期花岗斑岩；11.断层

3.3　矿田三维模型特征

3.3.1　地层三维地质特征

1. 震旦系老虎塘组（Z_2l）

在建模区内，上震旦统老虎塘组（Z_2l）变质岩厚度由西北角最厚的建模范围内底界至东南处减薄。地层东南处可见少量燕山期晚期钾长花岗斑岩（$\xi\gamma\pi_5^3$）出露。该地层可分为两部分：一部分为基底；另一部分是受区域内逆冲推覆作用，被推覆至石炭系梓山组（C_1z）、白垩系打鼓顶组（K_1d）和部分白垩系鹅湖岭组（K_1e）之上，并于地表出露的推覆体。

推覆体部分主要分布在区内北部（标高 200～320m）－西南部（标高 180～220m）及较深部位（标高–1120m）。根据模型的形态特征，可见推覆体从建模区内西北角深部推覆至区内地表北部－西南部。建模区西北角深部隐伏的变质岩产状主要为走向北东 45°左右，倾向南东，倾角约为 70°。整个震旦系老虎塘组（Z_2l）推覆体部分倾角由西北至东南逐渐变小，整体倾角变化较大（10°～70°）。根据模型的形态特征，可见上震旦统老虎塘组（Z_2l）基底部分从北西（标高–1120～–500m）至南东（标高–1120m）逐渐减薄。变质岩基底被燕山期早期花岗斑岩（$\gamma\pi_5^2$）、燕山期晚期流纹斑岩（$\lambda\pi_5^3$）、燕山期晚期钾长花岗斑岩（$\xi\gamma\pi_5^3$）侵入（图 3-4）。

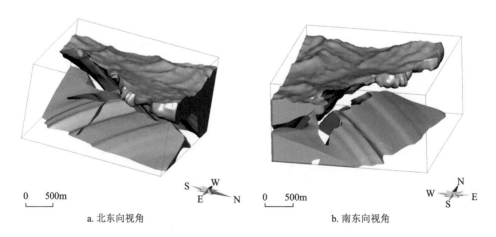

0　500m

a. 北东向视角

0　500m

b. 南东向视角

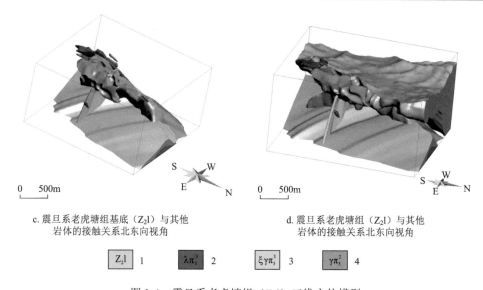

c. 震旦系老虎塘组（Z_2l）基底与其他
岩体的接触关系北东向视角

d. 震旦系老虎塘组（Z_2l）与其他
岩体的接触关系北东向视角

| Z_2l 1 | $\lambda\pi_5^3$ 2 | $\xi\gamma\pi_5^3$ 3 | $\gamma\pi_5^2$ 4 |

图 3-4 震旦系老虎塘组（Z_2l）三维实体模型

1.上震旦统老虎塘组；2.燕山期晚期流纹斑岩；3.燕山期晚期钾长花岗斑岩；4.燕山期早期花岗斑岩

2. 石炭系梓山组（C_1z）

建模区内，梓山组隐伏在模型中部（图 3-5a），深度约为 –850~–580m，偶见于 108 线、100 线中深部钻孔中。根据模型的形态特征，可见区内该地层走向北西，倾向北东，倾角 30°左右，地层厚度由北西方的 150m 减薄至南东方的 50m。区内该地层位于白垩系打鼓顶组（K_1d）与震旦系老虎塘组（Z_2l）基底部分交界处（图 3-5b）。相对于其他地层来说，其模型体积较小。

3. 白垩系打鼓顶组（K_1d）

建模区内，推覆断裂（F2）的逆冲推覆作用，使得打鼓顶组整体位于区内深部（标高 –1120~–20m）（图 3-6a、b）。该地层位于白垩系鹅湖岭组（K_1e）下方，震旦系老虎塘组（Z_2l）基底部分上方。燕山期晚期钾长花岗斑岩（$\xi\gamma\pi_5^3$）从深部侵入打鼓顶组至地表出露，外加燕山期晚期流纹斑岩（$\lambda\pi_5^3$）和燕山期早期花岗斑岩体（$\gamma\pi_5^2$）的侵位破坏，使得该地层三维形态较为复杂（图 3-6c、d）。根据模型的形态特征，该地层可分为两部分：一部分为地层西北方的较小块体，其厚度较薄，平均厚度为 200m，产状为倾向西北方，倾角约为 40°；另一部分为地层东南方的主体部分，该部分地层整体厚度约为 800m，最厚处可达 1000m，产状为倾向东南方，倾角为20°～60°。

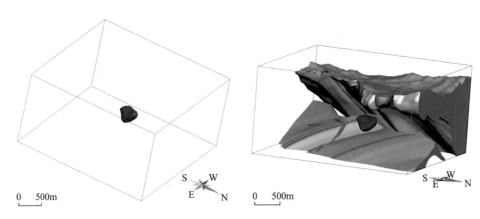

a. 石炭系梓山组（C₁z）三维实体模型　　b. 石炭系梓山组（C₁z）与上震旦统老虎塘组的接触关系

Z₂l 1　　C₁z 2

图 3-5　石炭系梓山组（C₁z）三维实体模型
1.上震旦统老虎塘组；2.石炭系梓山组

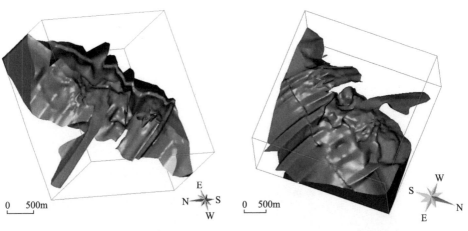

a. 上白垩统打鼓顶组北西向视角　　　　b. 上白垩统打鼓顶组北东向视角

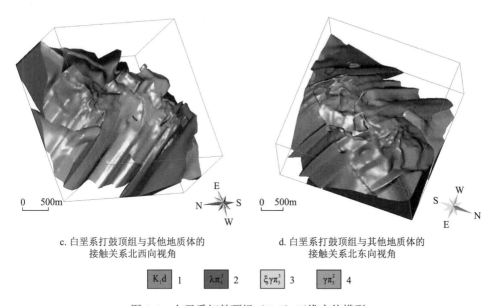

c. 白垩系打鼓顶组与其他地质体的
接触关系北西向视角

d. 白垩系打鼓顶组与其他地质体的
接触关系北东向视角

| K_1d | 1 | $\lambda\pi_5^3$ | 2 | $\xi\gamma\pi_5^3$ | 3 | $\gamma\pi_5^2$ | 4 |

图 3-6 白垩系打鼓顶组（K_1d）三维实体模型

1.上白垩统打鼓顶组；2.燕山期晚期流纹斑岩；3.燕山期晚期钾长花岗斑岩；4.燕山期早期花岗斑岩

4. 白垩系鹅湖岭组（K_1e）

建模区内，白垩系鹅湖岭组（K_1e）主要出露于矿区东南部，整个鹅湖岭组由深至浅、由西北至东南逐渐分为上白垩统鹅湖岭组下段（K_1e^1）、中段（K_1e^2）、上段（K_1e^3）（图 3-7）。鹅湖岭组下段（K_1e^1）呈半穹窿状覆盖在白垩系打鼓顶组（K_1d）之上，且与震旦系变质岩在地表接触，燕山期晚期钾长花岗斑岩（$\xi\gamma\pi_5^3$）、燕山期晚期流纹斑岩（$\lambda\pi_5^3$）和燕山期早期花岗斑岩（$\gamma\pi_5^2$）侵入其中。该地层厚度变化不连续，地层标高约为–1120～420m，建模区北部震旦系变质岩下方地层厚度较薄，平均约为 300m。鹅湖岭组中段（K_1e^2）产状较稳定，倾向约为北东130°，倾角约为 35°，厚度较均一，约为 100m，该段地层标高由东南部 280m 变化至西北部–520m。由于地表剥蚀的原因，鹅湖岭组上段（K_1e^3）在不同部位厚度相差较大，从西北（标高 220～320m）向东南（标高–520～500m）地层厚度逐渐增加，最厚可达 850m。整个鹅湖岭组被北东向 F1 断裂切穿。

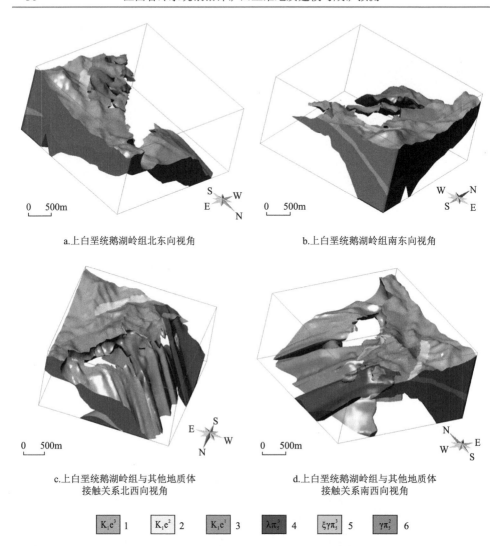

a.上白垩统鹅湖岭组北东向视角　　　　　　　　b.上白垩统鹅湖岭组南东向视角

c.上白垩统鹅湖岭组与其他地质体　　　　　　　d.上白垩统鹅湖岭组与其他地质体
　　接触关系北西向视角　　　　　　　　　　　　　　接触关系南西向视角

| K_1e^3 | 1 | K_1e^2 | 3 | K_1e^1 | 3 | $\lambda\pi_5^3$ | 4 | $\xi\gamma\pi_5^3$ | 5 | $\gamma\pi_5^2$ | 6 |

图 3-7　白垩系鹅湖岭组（K_1e）三维实体模型

1.上白垩统鹅湖岭组上段；2.上白垩统鹅湖岭组中段；3.上白垩统鹅湖岭组下段；4.燕山期晚期流纹斑岩；5.燕山
期晚期钾长花岗斑岩；6.燕山期早期花岗斑岩

3.3.2　岩体三维地质特征

　　矿区内岩浆岩主要为加里东期中晚期、燕山期早期和燕山期晚期产物，以燕山期早期岩浆活动最为强烈（周显荣等，2011）。本次建模的岩体为燕山期早期花岗斑岩（$\gamma\pi_5^2$）、燕山期晚期花岗斑岩（$\gamma\pi_5^3$）、燕山期晚期流纹斑岩（$\lambda\pi_5^3$）、燕山期晚期钾长花岗斑岩（$\xi\gamma\pi_5^3$）。燕山期早期主要形成浅成－超浅成的次火山岩体（花岗斑岩）和喷发的火山岩，其岩体规模较小，多呈岩瘤、岩滴、岩脉、岩墙等产出。该花岗斑岩与火山岩同源，空间上受火山成因构造控制，时间上与火山岩同时或稍晚，所以也称其为次火山岩。其岩体规模较小，多呈岩瘤、岩脉等产出。燕山期晚期则主要形成（少斑）花岗斑岩、流纹斑岩和钾长花岗斑岩，主要呈岩脉、岩墙、岩瘤或岩盆产出，燕山期晚期岩脉破坏较早的岩体（杨志鹏和付文树，2014）。与矿化关系密切的岩浆岩为燕山期早期花岗斑岩，于矿田中部分布（王立立等，2024）。

　　构建岩体模型的数据来源同构建地层的来源是一致的。构建岩体模型的难点在于岩体顶、底的准确刻画，需要在构建的过程中手动调节曲面的极高点和极低点，使其更匹配原始数据，这是因为在构造建模流程中使用的离散光滑插值方法为了保证全局最优，会平滑最大值和最小值。

1. 燕山期早期花岗斑岩（$\gamma\pi_5^2$）

　　建模区内，燕山期早期花岗斑岩（$\gamma\pi_5^2$）整体沿着推覆面从西北处（标高–1120m）自东南处（标高340m）侵入，最终在建模区中东部呈半环形出露（图3-8a、b）。深部岩体呈40°侵入于震旦系老虎塘组（Z_2l）变质岩基底部分当中，浅部的岩体侵入于上白垩统鹅湖岭组下段（K_1e^1）（图3-8c、d）。根据模型的形态特征，燕山期早期花岗斑岩（$\gamma\pi_5^2$）整体呈岩墙产出，厚度变化范围为120～290m。部分岩体呈岩株产出，与火山岩呈侵入接触关系。小岩株位于F1和F2两组断层之间且受F2断裂制约较为明显。该岩体是斑岩型矿体主要产出部位，规模最大，矿化较普遍。

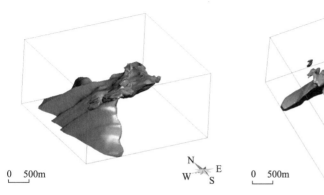

0　500m

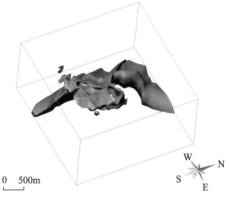

0　500m

a. 燕山期早期花岗斑岩南西向视角　　　　　　　b. 燕山期早期花岗斑岩南东向视角

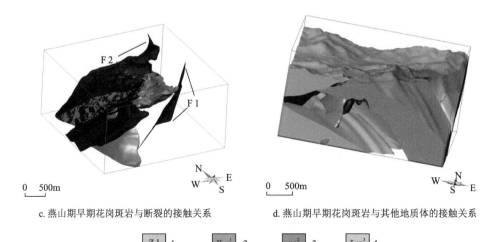

c. 燕山期早期花岗斑岩与断裂的接触关系　　　　d. 燕山期早期花岗斑岩与其他地质体的接触关系

$\boxed{Z_2l}$ 1　　　$\boxed{K_1e^1}$ 2　　　$\boxed{\gamma\pi_5^2}$ 3　　　$\boxed{\xi\gamma\pi_5^3}$ 4

图 3-8　燕山期早期花岗斑岩（$\gamma\pi_5^2$）三维实体模型

1.上震旦统老虎塘组；2.上白垩统鹅湖岭组下段；3. 燕山期早期花岗斑岩；4. 燕山期晚期钾长花岗斑岩

2. 燕山期晚期花岗斑岩（$\gamma\pi_5^3$）

建模区内，燕山期晚期花岗斑岩（$\gamma\pi_5^3$），其零散分布于白垩系打鼓顶组（K_1d）20～280m 标高范围当中，规模较小，呈小型岩脉产出（图 3-9）。厚度 5～50m，

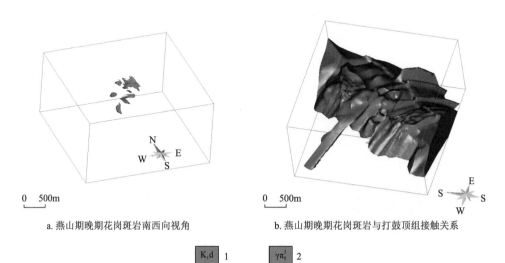

a. 燕山期晚期花岗斑岩南西向视角　　　　b. 燕山期晚期花岗斑岩与打鼓顶组接触关系

$\boxed{K_1d}$ 1　　　$\boxed{\gamma\pi_5^3}$ 2

图 3-9　燕山期晚期花岗斑岩（$\gamma\pi_5^3$）三维实体模型

1.上白垩统打鼓顶组；2.燕山期晚期花岗斑岩

产状受 F2 推覆构造的影响。在空间上大部分侵位于矿区 F2 推覆构造之下的上白垩统打鼓顶组火山岩中，少部分侵位于 F2 推覆构造之上的老虎塘组变质岩中和 F2 推覆构造之下的燕山期早期花岗斑岩（$\gamma\pi_5^2$）中。

3. 燕山期晚期流纹斑岩（$\lambda\pi_5^3$）

建模区内，燕山期晚期流纹斑岩（$\lambda\pi_5^3$）整体沿着推覆面从西北处（标高 –1120m）自东南处（标高 280m）侵入，最终在建模区南部震旦系老虎塘组（Z_2l）和上白垩统鹅湖岭组下段（K_1e^1）的交界处出露（见图 3-10a、b）。根据模型的形态特征，燕山期晚期流纹斑岩（$\lambda\pi_5^3$）整体呈岩墙产出，受 F2 控制明显，深部岩体沿推覆面呈 40°侵入于震旦系老虎塘组（Z_2l）变质岩基底部分当中，浅部的岩体侵入于上白垩统鹅湖岭组下段（K_1e^1）（图 3-10c、d）。岩墙整体厚度变化均一，最宽处约 330m，最窄处约 210m，平均宽度约 260m。

4. 燕山期晚期钾长花岗斑岩（$\xi\gamma\pi_5^3$）

建模区内，燕山期晚期钾长花岗斑岩（$\xi\gamma\pi_5^3$）呈近乎直立的岩墙产出（图 3-11）。该岩体由建模区中南部深处（标高–1120m）侵入并在地表（标高 320m）出露。岩墙厚度变化范围较小，为 30～80m。岩体侵入含矿斑岩体和上白垩统打鼓顶组（K_1d）和鹅湖岭组下段（K_1e^1），主要产于 F1 和 F2 两断层之间，局部穿过 F2 并侵入上震旦统老虎塘组（Z_2l）。

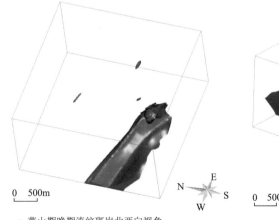

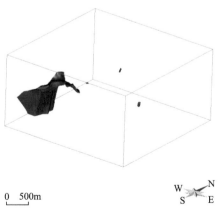

a. 燕山期晚期流纹斑岩北西向视角　　　　　　b. 燕山期晚期流纹斑岩南东向视角

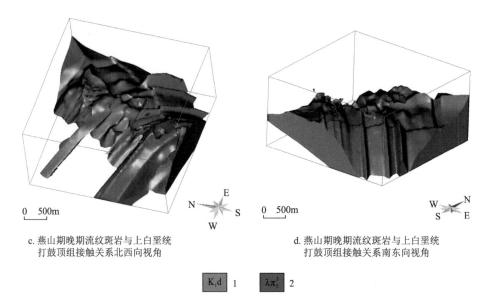

0 500m

c. 燕山期晚期流纹斑岩与上白垩统
打鼓顶组接触关系北西向视角

0 500m

d. 燕山期晚期流纹斑岩与上白垩统
打鼓顶组接触关系南东向视角

K_1d 1 $\lambda\pi_5^3$ 2

图 3-10   燕山期晚期流纹斑岩（$\lambda\pi_5^3$）三维实体模型

1.上白垩统打鼓顶组；2.燕山期晚期流纹斑岩

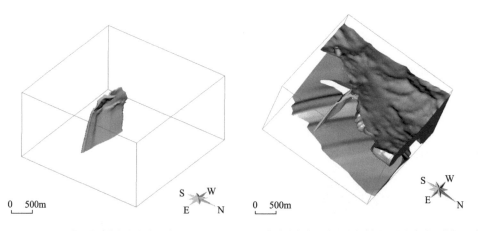

0 500m

a. 燕山期晚期钾长花岗斑岩

0 500m

b. 燕山期晚期钾长花岗斑岩与上震旦统老虎塘组接触关系

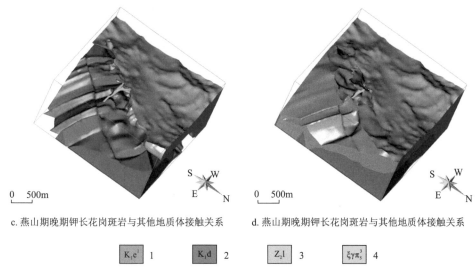

c. 燕山期晚期钾长花岗斑岩与其他地质体接触关系　　　d. 燕山期晚期钾长花岗斑岩与其他地质体接触关系

| K_1e^1 | 1 | K_1d | 2 | Z_2l | 3 | $\xi\gamma\pi^3_5$ | 4 |

图 3-11　燕山期晚期钾长花岗斑岩（$\xi\gamma\pi^3_5$）三维实体模型

1. 上白垩统鹅湖岭组下段；2. 上白垩统打鼓顶组；3. 上震旦统老虎塘组；4. 燕山期晚期钾长花岗斑岩

3.3.3　构造三维地质特征

矿田中发育两组大断裂，以北东向两组断裂构造为主（图 3-12）。

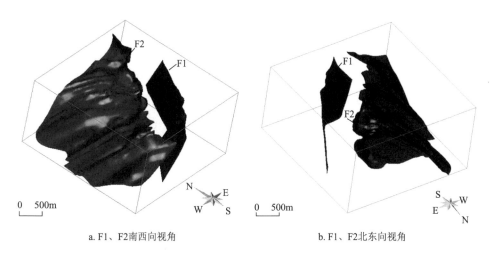

a. F1、F2 南西向视角　　　　　　　　　　　　　b. F1、F2 北东向视角

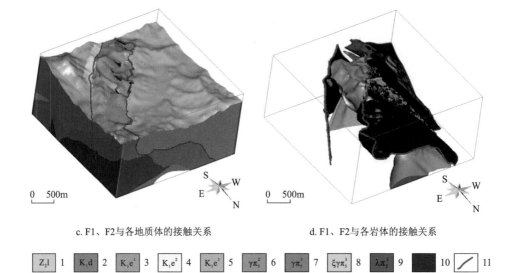

c. F1、F2与各地质体的接触关系　　　　　　d. F1、F2与各岩体的接触关系

| Z_2l | 1 | K_1d | 2 | K_1e^2 | 3 | K_1e^2 | 4 | K_1e^3 | 5 | $\gamma\pi_5^2$ | 6 | $\gamma\pi_5^3$ | 7 | $\xi\gamma\pi_5^3$ | 8 | $\lambda\pi_5^3$ | 9 | | 10 | | 11 |

图 3-12　F1、F2 断裂三维实体模型

1.上震旦统老虎塘组；2.上白垩统打鼓顶组；3.上白垩统鹅湖岭组下段；4.上白垩统鹅湖岭组中段；5.上白垩统鹅湖岭组上段；6.燕山期早期花岗斑岩；7.燕山期晚期花岗斑岩；8.燕山期晚期钾长花岗斑岩；9.燕山期晚期流纹斑岩；10.断层面；11.断层线

1. F1 断裂

建模区内，F1 断裂产于矿区的南东角，是区域性湖石断裂的中段部分。走向为北东 50°左右，倾向北西，从北东至南西倾角为 75°～50°。银铅锌矿体产在该断裂的北西盘，东南盘未见矿体，可推断 F1 在成矿过程中是主要的导矿构造。矿区内主要的岩体也基本侵位于 F1 断裂的北西盘。建模范围内，F1 断裂深度范围为从地表 170m～–700m，从浅部上白垩统鹅湖岭组（K_1e）中延伸到深部上白垩统打鼓顶组（K_1d）地层（图 3-13）。

2. F2 断裂

F2 断裂主要发育于建模区的中部地区，为区域推覆构造在建模区的出露部分。断裂破碎带宽 10～40m。该断裂推覆距离大于 1000m。总体走向北东 40°～60°，遭受剥蚀后在平面上呈不规则状延伸；倾向北西，倾角变化较大：从浅部至深部，呈断坪－断坡－断坪－断坡状变化，即接近地表较缓约 5°～20°，中部较陡约 30°～45°，深部又变缓约 10°～20°，更深部又有变陡趋势（图 3-14）。局部倾角甚至显现近似水平状。由于该断裂近地表倾角较小，在平面上受地形影响，断裂多表现弯曲，呈港湾状、弧状等（周显荣等，2011）。

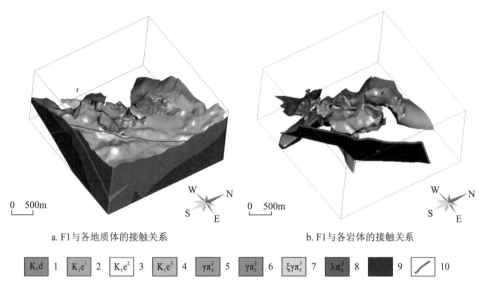

a. F1与各地质体的接触关系　　　　　　b. F1与各岩体的接触关系

| K_1d 1 | K_1e^1 2 | K_1e^2 3 | K_1e^3 4 | $\gamma\pi_5^2$ 5 | $\gamma\pi_5^3$ 6 | $\xi\gamma\pi_5^3$ 7 | $\lambda\pi_5^3$ 8 | ▨ 9 | ／ 10 |

图 3-13　F1 断裂三维实体模型

1.上白垩统打鼓顶组；2.上白垩统鹅湖岭组下段；3.上白垩统鹅湖岭组中段；4.上白垩统鹅湖岭组上段；5.燕山期早期花岗斑岩；6.燕山期晚期花岗斑岩；7.燕山期晚期钾长花岗斑岩；8.燕山期晚期流纹斑岩；9.断层面；10.断层线

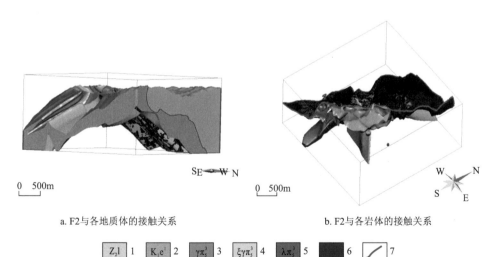

a. F2与各地质体的接触关系　　　　　　b. F2与各岩体的接触关系

| Z_2l 1 | K_1e^1 2 | $\gamma\pi_5^3$ 3 | $\xi\gamma\pi_5^3$ 4 | $\lambda\pi_5^3$ 5 | ▨ 6 | ／ 7 |

图 3-14　F2 断裂三维实体模型

1.上震旦统老虎塘组；2.上白垩统鹅湖岭组下段；3.燕山期晚期花岗斑岩；4.燕山期晚期钾长花岗斑岩；5.燕山期晚期流纹斑岩；6.断层面；7.断层线

3.3.4　矿体三维地质特征

矿田的矿体三维模型的构建采用的是剖面连接法。通过提取各勘探线剖面图中的矿体解译线，多工程矿体利用三角网将相同名称的矿体解译线连接起来，边部延矿体走向采用四分之一勘探线间距外推（平推），单工程矿体沿矿走向向两侧进行二分之一工程间距外推（尖推），封闭形成矿体三维实体模型（图 3-15）。矿体三维模型的建立在研究过程中是至关重要的，不仅可以用于观察矿体与各控矿要素之间的空间关系，还作为已知成矿事件用于预测变量的定量提取（王立立等，2024）。

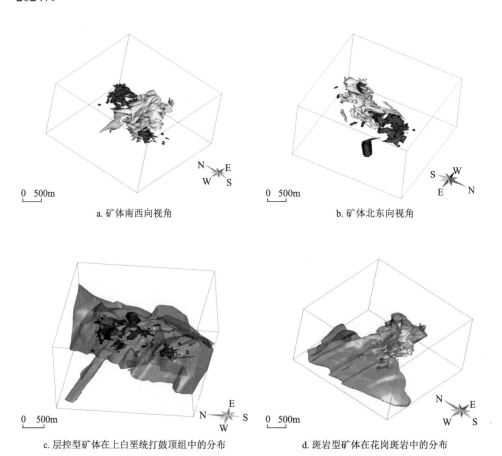

a. 矿体南西向视角　　　　　　　　　　　　　　b. 矿体北东向视角

c. 层控型矿体在上白垩统打鼓顶组中的分布　　　d. 斑岩型矿体在花岗斑岩中的分布

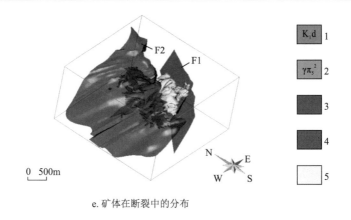

e. 矿体在断裂中的分布

图 3-15　矿体三维实体模型

1.上白垩统打鼓顶组；2.燕山期早期花岗斑岩；3.断层面；4.层状型矿体；5.斑岩型矿体

1. 层控型矿体

区内层控型矿体 14 个，分布于 140～177 线之间，主要矿体分布于 127～147 线之间。矿区层控型矿体赋存标高为-550～0m，产于 F1 与 F2 断层之间，大部分靠近 F2 断层，为隐伏型矿体。矿体大部分赋存于上白垩统打鼓顶组中。矿体呈层状、似层状在地层中整合产出，具良好的成层性，产状为总体走向北东，倾向南东。矿体走向控制长 50～1600m，倾向延深 45～560m，平均延深 150m。各矿体平均厚度 1.26～7.73m，总平均厚度 2.99m；厚度变化系数 0～102%，总平均变化系数 52%，矿体厚度稳定程度属稳定－较稳定类型；有尖灭再现、分支复合现象。

2. 斑岩型矿体

斑岩型矿体有 4 个矿体，主要分布于 134～129 线之间，赋存于-775～350m 间的含矿花岗斑岩体内或其接触带附近的白垩系地层打鼓顶组和鹅湖岭组中。矿体均产于 F1 与 F2 断层之间，大部分靠近 F2 断层，部分矿体接近地表，大部分为隐伏矿体。矿体呈透镜状，大致以北东向带状延展的分布形式。矿体走向控制长 50～1100m，倾向延深 12～813m，平均延深 185m。各矿体平均厚度 1.77～12.12m，总平均厚度 5.23m；厚度变化系数 0～152%，总平均变化系数 86%，矿体厚度稳定程度多属稳定－较稳定类型，少数属不稳定类型；有尖灭再现、分枝复合现象。

3.3.5　矿体品位三维模型

　　收集到的矿田样品分析数据包含 Ag、Pb、Zn，将收集到的矿田样品分析数据以钻孔属性导入到 GOCAD 软件中。根据矿体的面模型生成 SGrid 实体模型，设定的单元块大小为 20m×20m×5m，为后面插值做好准备。再对 Ag、Pb 和 Zn品位数据进行变异函数分析，根据相应的分析结果选择适应的变异函数模型，然后运用克里格法插值生成品位模型（王立立等，2024）。

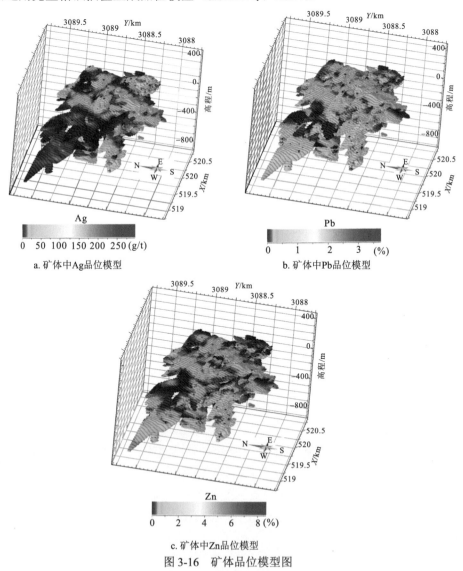

a. 矿体中Ag品位模型　　　　　　　　b. 矿体中Pb品位模型

c. 矿体中Zn品位模型

图 3-16　矿体品位模型图

　　经统计，矿体中 Ag 平均品位为 131.4320g/t，最高品位 1051.4600g/t，90%以上的品位值大于 40.7594g/t；Pb 平均品位为 1.3958%，最高品位 11.1669%，90%以上的品位值大于 0.8847%；Zn 平均品位为 2.2774%，最高品位 18.2190%，90%以上的品位值大于 1.5674%（图 3-16）。

　　高品位 Ag、Pb、Zn 相对较为集中，主要集中于矿田南部鲍家及下鲍矿段、东南部银路岭矿段、中部银珠山南矿段，矿田北部品位相对较低且连续性较差。

3.4　成矿作用三维空间分布规律

3.4.1　岩浆岩与矿体空间关系解析

　　冷水坑矿田岩浆活动以燕山期早期最为强烈，主要形成浅成－超浅成的次火山岩体和喷发的火山岩，次火山岩体以花岗斑岩为代表，出露在矿田的中部，主体侵入于下白垩统火山杂岩中，与火山岩/震旦系变质岩呈侵入接触关系。岩体长轴走向北东 45°，倾向北西，倾角变化大，从浅部至深部呈缓－陡起伏变化，明显受 F2 断裂产状制约，为被动侵位的岩株。前人学者对花岗斑岩开展过 SHRIMP、LA-ICP-MS 锆石 U-Pb 年龄测试，测得年龄数据在 164～154Ma 之间。

　　花岗斑岩空间形态复杂，依据本次建立的空间模型，其产出特征、接触构造特征可分为平直型（图 3-17）、山字型（图 3-18）、多层次凹凸状（图 3-19）。斑岩型矿体主要富集在燕山期早期花岗斑岩顶部膨胀部位（图 3-20）；从花岗斑岩与矿体平面中段图中可以看出，矿体形成于花岗斑岩岩床突起周边形成的凹盆、凹槽和突起四周形成的多层次凹陷构造中。层控型矿体多数围绕燕山期早期花岗斑岩体周边不同岩层界面和层间构造分布。花岗斑岩体斑岩型银铅锌矿化在花岗斑岩体近地表顶部分布较为均匀，但在由缓变陡部位，矿化较弱，在近乎呈直立岩墙中，矿化品位增高；层控型银铅锌矿化在靠近花岗斑岩处，矿化较强，尤其是下鲍矿段层控叠生型矿体夹于花岗斑岩凹部位，矿化浓度明显高于其他部位矿化浓度，而远离花岗斑岩体，矿化明显较弱（图 3-21）。

　　燕山期晚期岩浆活动对早期花岗斑岩及矿体具破坏作用。

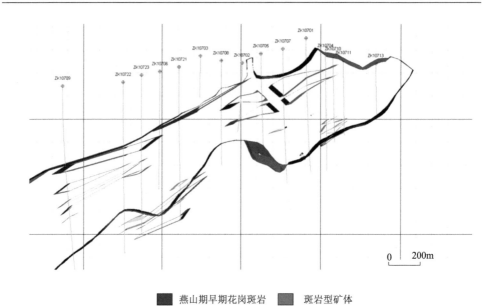

图 3-17 矿体与花岗斑岩切片剖面图（107 线）（平直型接触）

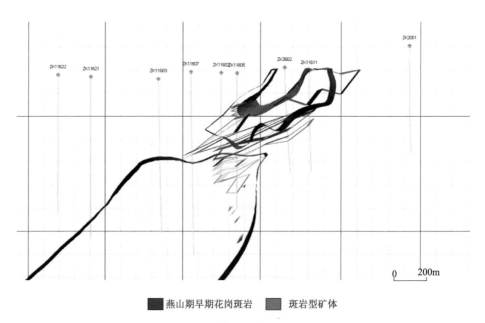

图 3-18 矿体与花岗斑岩切片剖面图（120 线）（山字型接触）

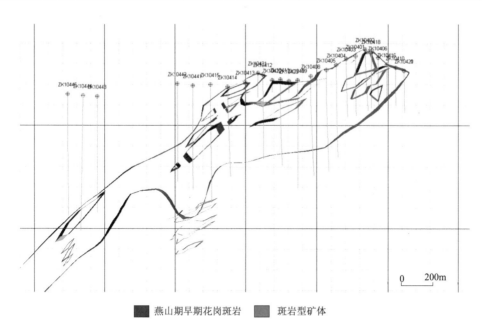

燕山期早期花岗斑岩　　斑岩型矿体

图 3-19　矿体与花岗斑岩切片剖面图（104 线）（多层次凹凸状接触）

3.4.2　断裂与矿体空间关系解析

　　冷水坑矿田内发育区域性湖石断裂的中段部分（F1 断裂）及一推覆构造（F2），矿体夹于两断裂构造之间（图 3-22）。据前人研究表明，F1 断裂在早白垩世火山活动之前就已形成，它控制了区域火山构造的边界，断裂活动一直延续到矿区燕山期早期花岗斑岩形成之后，矿体产出于 F1 断裂的上盘，到目前为止下盘尚未发现工业矿体（图 3-23、图 3-24）。

　　F2 断裂为一推覆构造，上盘见震旦系变质岩被该断裂推覆至白垩系火山岩之上，据前人研究，推覆构造形成于早白垩世鹅湖岭喷发旋回后，花岗斑岩侵入前，据以往勘探资料，花岗斑岩沿断裂带贯入，岩体顶面与变质岩、混合岩直接接触，界面平整清晰，震旦系变质岩变质岩中见有花岗斑岩岩枝侵入和银铅锌硫化物矿脉充填。F2 断裂控制了燕山期早期花岗斑岩的产状，从而控制了斑岩型矿化域空间分布。F2 断裂对层控型矿体的控矿作用也是明显的，主要表现在其上盘变质岩的良好的屏蔽作用，顺 F2 断裂上升的成矿热液沿火山岩地层中的层间破碎带（铁锰碳酸盐层）交代成矿，表现为靠近 F2 断裂层状型矿体变厚变富（图 3-25）。

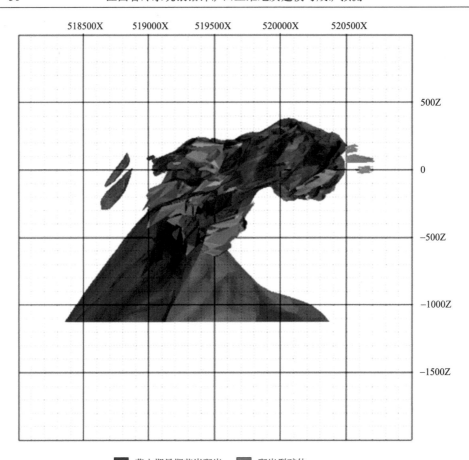

■ 燕山期早期花岗斑岩　　■ 斑岩型矿体

图 3-20　冷水坑矿田花岗斑岩与斑岩型矿化域空间位置图

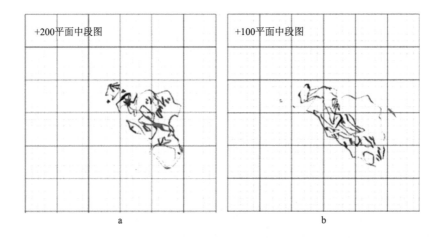

a　　　　　　　　　　　　　　　　b

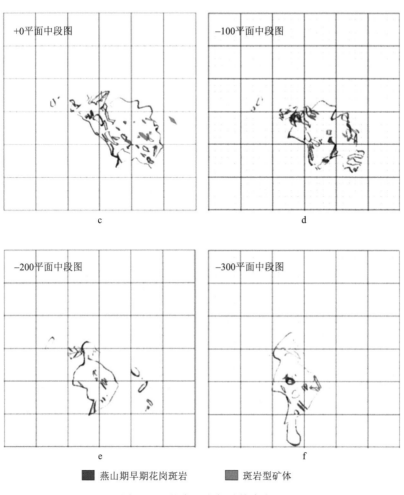

図 3-21　花岗斑岩与矿体中段图

3.4.3　地层与矿体空间关系解析

　　层控叠生型矿体产出于燕山期早期花岗斑岩下部,夹于厚层的打鼓顶组晶屑凝灰岩中。据以往勘探资料显示,层控型矿体形态及产状严格受控于打鼓顶组晶屑凝灰岩中的集块-角砾岩及层间破碎带,隐伏较深,主要见于下鲍矿段与银珠山矿段。白垩系打鼓顶组中含矿集块-角砾岩,属一套岩石类型和韵律结构均较复杂的火山碎屑岩建造,产于下白垩统打鼓顶组下段与鹅湖岭组下段火山岩中,

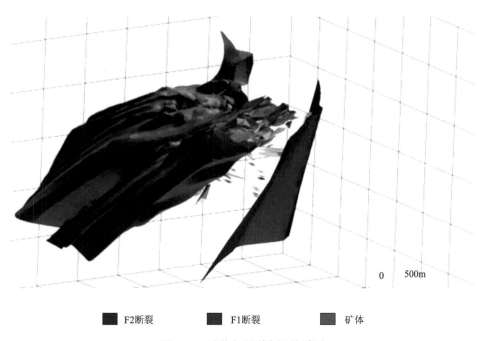

■ F2断裂　　　　　■ F1断裂　　　　　■ 矿体

图 3-22　矿体与断裂空间关系图

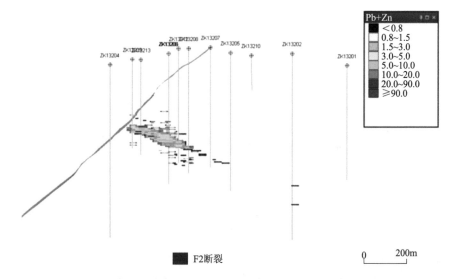

■ F2断裂

图 3-23　132 线层控叠生型矿体 Pb+Zn 品位分布与 F1 断裂面空间位置图

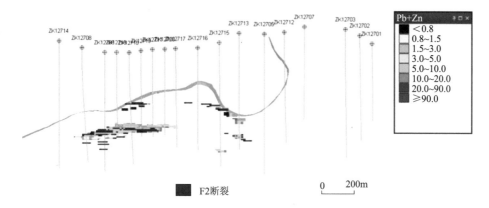

图 3-24　127 线层控叠生型矿体 Pb+Zn 品位分布与 F1 断裂面空间位置图

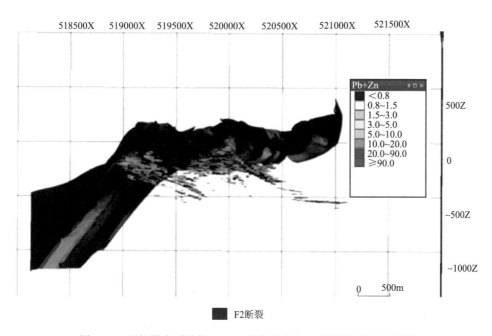

图 3-25　层控叠生型矿体 Pb+Zn 品位分布与 F2 断裂面空间位置图

具成层性、多层性、过渡性。火山集块主要是铁锰碳酸盐岩石；角砾成分则较为复杂，以铁锰碳酸盐、晶屑凝灰岩为主，次有硅质岩、花岗质混合岩、千枚岩、脉石英、白云岩、碧玉岩等；呈棱角状－尖棱角状，无定向排列，大小悬殊，无分选，无磨圆，具有快速的混杂堆积特点，属于爆发相火山碎屑岩的崩落堆积亚相，含矿集块－角砾岩有局部性的碎屑粒序现象，总体呈透镜状。层控型矿体层状矿体随含矿集块－角砾岩层（铁锰碳酸盐岩）的增厚而增厚，随含矿集块－角砾岩层的尖灭而尖灭。下鲍矿段 A7 层状矿体与含矿集块－角砾岩同空间等体积产出，含矿集块－角砾岩的边界即是矿体边界。银珠山矿段 A7 层状矿体产于含矿集块－角砾岩层的上部，二者顶界面重合。矿化浓度分布与含矿集块－角砾岩厚度密切相关，高矿化浓度出现在厚大的含矿集块－角砾岩中。

第4章 基于三维地质模型和机器学习的成矿预测

依据三维模型中矿田矿化体及相关地质体空间赋存位置分析，总结认为矿体产出夹于区域 F1 与 F2 断裂中，斑岩型矿体主要产于花岗斑岩及其上下接触带部位，应尤其注意花岗斑岩顶部膨胀部位及凹凸部位；层控型矿体主要产出于白垩系鹅湖岭组下段、打鼓顶组层间破碎带、铁锰碳酸盐中，表现出明显的构造、岩浆、地层的控矿分布规律。本章分析冷水坑矿田外围地区地质特征、花岗斑岩与赋矿地层的分布规律，并结合已有的外围地物化遥特征及深度学习，经分析，选取可供下一步勘探区域。

4.1 成矿有利信息提取

成矿有利信息的分析和提取是三维成矿预测的前提和基础，通过计算各控矿要素的含矿率确定异常信息范围，完成定量提取。通过前人的研究，现阶段成矿有利信息的分析和提取是建立在三维块体模型（SGrid）基础上的，各个块体可以被认为是一个信息存储单元，将预测变量作为属性赋给每一个立方块体，通过对立方块单元进行各种地学统计分析（耿瑞瑞等，2021），实现三维成矿有利信息的定量提取，完成三维成矿预测。

本书构建的三维块体模型基于三维地质模型。首先构建一个范围大于建模范围的三维块体模型，后将三维地质建模中构建的多个地面层（horizon）利用 SKUA-GOCAD 软件中的 3D model 功能模块形成各个地质体的封闭区域（region），最后利用封闭区域去切割已建立的三维块体模型，从而来约束各个地质体的形态，形成与三维地质模型相对的矿田三维块体模型。构建矿田三维块体模型，除了上面提到的构建方法，还要考虑计算机的运算能力，最终将块体模型的立方块体尺寸设为 25m×25m×8m，整个矿田共被划分成 2891107 个块体，其中已知矿体为 55881 个块体。

本次研究进行的控矿因素成矿有利分析及提取完全基于 SKUA-GOCAD 平台强大的计算和分析功能。基于上述构建的三维块体模型，在软件内可进行地质体含矿性的统计分析、断裂及接触带缓冲距离与含矿性相关分析，准确挖掘控矿因素与银铅锌矿化最佳的空间耦合信息。

1. 成矿地质体含矿性分析

冷水坑矿床的地层和岩体均有矿体赋存，部分地层和岩体中的银铅锌含量较高。通过统计分析白垩系鹅湖岭组上、中、下段、白垩系打鼓顶组、石炭系梓山组、震旦系老虎塘组、燕山期晚期流纹斑岩、燕山期晚期钾长花岗斑岩和燕山早、晚期花岗斑岩这 10 种地层或岩性中的含矿块数，分析其含矿性。如图 4-1 所示，大部分已知矿体赋存在白垩系鹅湖岭组、白垩系打鼓顶组内，同时燕山期早期花岗斑岩体为最主要的赋存矿地质体。因此，可以选择地层岩性作为区分成矿有利性的属性。

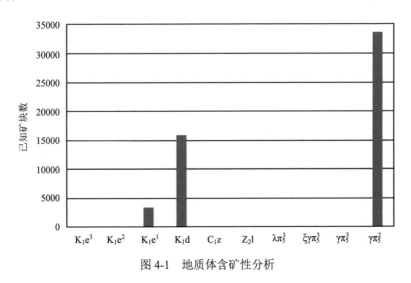

图 4-1　地质体含矿性分析

2. 三维空间距离场分析

三维空间距离场分析是断裂构造和其他控矿要素的致矿影响范围分析，是控矿因素的一个空间属性，在已建立的 SGrid 模型的基础上，利用 SKUA-GOCAD 三维地质建模软件中的 compute distance from surface 指令计算空间中各立方块与控矿要素的真实距离，距离的算法使用的是欧几里得距离（Euclidean distance）。

欧几里得距离（Euclidean distance）是指 n 维空间中两点之间的真实距离，在三维空间中的两点分别为 A（x_1，y_1，z_1）、B（x_2，y_2，z_2），其两点之间的实际距离公式如下：

$$\rho = \sqrt{(x_2 - x_1)^2 + (y_2 - y_1)^2 + (z_2 - z_1)^2}$$

1）断裂三维缓冲距离分析

矿田银铅锌矿化与断裂密切相关，断裂构造是矿体形成的主要控矿因素，断裂带及其周围裂隙是矿化发育的有利部位。因此，将断裂作为主要的预测要素进行分析。首先对于区内主要的控矿断裂 F1 和 F2 进行三维空间缓冲，通过执行 SKUA-GOCAD 中的 compute distance from surface 指令计算断裂构造的中心与周围单元块体的空间距离，并进行最佳缓冲距离分析。通过分析已知矿块数与 F1 断裂缓冲距离的关系，确定断裂带的最佳空间缓冲距离为 1000m，包含了 90%的已知矿体。对与 F2 断裂，其最佳空间缓冲距离为 413m，该缓冲范围同样包含了 90%的已知矿体，且随缓冲距离的增加，已知矿块数的增幅迅速减小。因此，通过距离属性分别建立 F1 和 F2 断裂带 1000m 和 413m 缓冲区模型（图 4-2）。

2）岩体接触界面三维缓冲距离分析

岩体接触带两侧岩石一般具有较大的地球物理和地球化学反差，意味着在这一区域存在构造变动或岩石类型的改变，为矿化提供了适宜的条件。同时岩体与地层接触面是构造薄弱带，构造活动中相对较易发生变形和破裂。这样的构造薄弱带可能为矿化流体提供通道，促使矿物沉淀。银铅锌矿体赋存在燕山期早期花岗斑岩岩体与白垩系鹅湖岭组和白垩系打鼓顶组接触带上下两侧，将接触带作为一个预测要素，对其进行三维空间距离缓冲，并进行最佳缓冲距离分析（图 4-3），研究发现当缓冲距离到达 307m 时，其含矿比例达 90%，根据距离属性，通过面域运算建立接触带缓冲区模型。

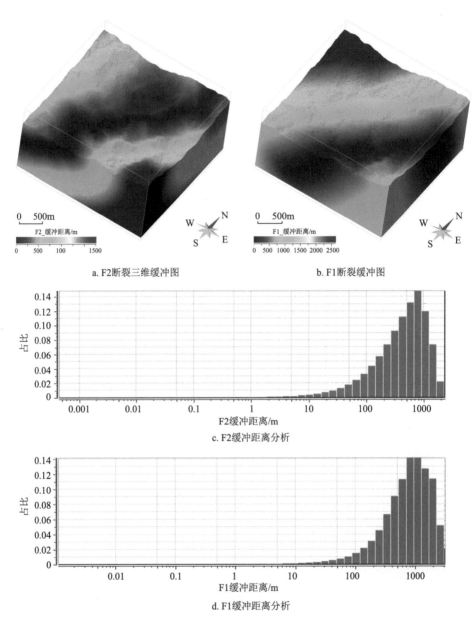

a. F2断裂三维缓冲图　　　　　　　　　　　　　b. F1断裂缓冲图

c. F2缓冲距离分析

d. F1缓冲距离分析

图 4-2　断裂三维缓冲分析与提取

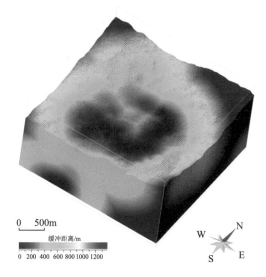

a. 岩体接触界面三维缓冲图

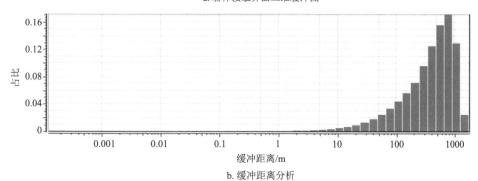

b. 缓冲距离分析

图 4-3　岩体接触界面三维缓冲分析与提取

3. 地质界面三维缓冲距离分析

不同年代地层的界面是隔开不同物理化学场的一种结构面，其成矿作用是构造-成矿作用的主要方式和类型，其两侧的异相差异为成矿提供了动力保障（王森等，2018）。一方面，地层界面使得地球物理、地球化学屏障以及围岩物化性质的突变带得以形成，进而使界面附近发生温度骤降、流体沸腾等作用，而这些作用都会使得成矿流体迁移至界面附近停下来从而引起成矿物质的沉淀、结晶、析出、富集与成矿；另一方面，差异的存在使得地层界面的附近出现最剧烈的物理化学作用，使界面两侧地质体的物化性质达到平衡状态，其作用进行的愈强烈，则发生成矿的概率也就越大。矿田内银铅锌矿床主要产出在白垩系鹅湖岭组和白垩系打鼓顶组地层界面周围，经过统计分析，在地层界面的 433m 三维缓冲区范围内有 90% 的已知矿体包含在内（图 4-4）。

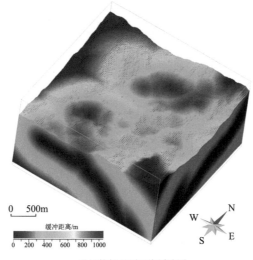

a. 地层接触界面三维缓冲图

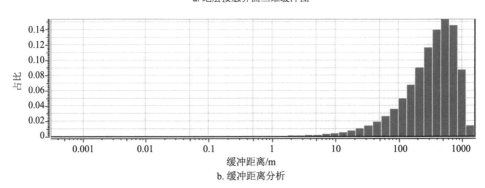

b. 缓冲距离分析

图 4-4　地层接触界面三维缓冲分析与提取

4.2　训练样本构建

建模范围共有 2891107 个预测单元，其中已知的含矿单元为 55881 个，其余为确定不含矿单元和待预测单元。已确定的含矿单元与不含矿单元，由钻探揭露确定，将成矿单元的标签设为 1（含矿），非成矿单元的标签设为 0（不含矿）。本书选取 55881 个已知含矿单元作为正样本，选取已知不含矿单元 58261 个作为负样本，负样本的选择在原则上负样本的个数应尽可能与正样本数一致，且负样本的位置尽可能保证随机分布。对于样本参与训练的属性，主要有 F1 三维缓冲区距离、F2 三维缓冲区距离、岩体与地层接触面三维缓冲区距离、地层接触界面三维缓冲区距离和地层岩性。其中三维缓冲区为连续值，而地层岩性为分类值。对于机器学习和深度学习算法而言，分类值不适合直接作为输入特征参与模型的训练，因为大多数算法期望输入是数值型数据。因此，需要对地层岩性这一特征进行特殊的编码使其能够适合训练模型的输入要求。本研究选择独热编码对地层岩性属性进行重编码，该编码方式使用 N 位状态寄存器来对 N 个状态进行编码，每个状态都有他独立的寄存器位，并且在任意时候，只有其中一位有效。这种编码方式可以解决机器学习和深度学习算法模型不好处理属性数据的问题，起到扩充特征的作用。

然而，直接将三维地质模型体转化为三维地质空间用于构建训练模型会导致生成大量样本数据，这对训练模型所需的硬件设备提出了较高要求。此外，对地质模型的三维数据处理也带来了巨大的计算负担，需要庞大的计算资源和时间。因此，为了克服这些问题，本书采用将三维地质模型转化为一系列相互关联的一维属性数据的方法。这种转换不仅降低了对大规模训练样本的需求，还能显著减少计算复杂度。通过将每个方块的地质属性提取为一维数据，能够更灵活地处理地质模型中的数据稀疏性和局部特征变异性。这种方法不仅在硬件要求上更为友好，同时也提高了对大规模地质数据进行高效分析的能力。除了减轻硬件负担和计算复杂度的显著优势之外，采用一维属性数据的方法还带来了其他重要的好处。首先，通过将三维地质模型映射为一维属性数据，可以实现了对地质特征的更为紧凑和高效的表示。这种表示形式有助于减少信息冗余，并使得模型更容易捕捉地质模型中的关键特征，从而提高了模型的性能和泛化能力。

4.3　机器学习预测方法

1. 随机森林方法

随机森林（random forest）作为一种强大的机器学习算法，通过构建多个决策树并将它们集成，以提高模型性能和泛化能力（张锟滨等，2024）。其核心原理涵盖了两个关键的随机性机制，分别是特征的随机选择和数据的随机抽样。

在构建每个决策树时，随机森林通过特征的随机选择引入差异性。具体而言，每次节点划分时，算法并非考虑所有特征，而是从全部特征中随机选择一部分进行评估。这种机制确保了每棵树在学习数据时侧重于不同的特征，提高了整体模型的多样性。通过这种差异性，随机森林能够更好地捕捉数据的复杂结构和特征之间的相互关系，从而提高模型的表达能力。

其次，数据的随机抽样采用自助采样方法，即从训练数据中有放回地随机抽取子集用于每棵决策树的训练（张鑫等，2018）。这一机制引入了训练数据的随机性，使得每个决策树在学习过程中使用的数据略有不同。通过自助采样，随机森林能够处理大规模数据集，并减少模型对特定样本的过拟合风险，提高模型的泛化性能。

在预测阶段，随机森林通过对所有决策树的输出进行整合，得到最终的集成预测结果。对于分类问题，采用投票的方式，选择获得最多支持的类别；对于回归问题，进行输出的平均。通过集成决策树的结果，随机森林在一定程度上抵消了单个决策树的局限性，提高了整体模型的鲁棒性和准确性。

随机森林的这两个随机性机制使其成为一种强大的集成学习算法。它在处理高维、复杂数据时表现出色，且对于缺失数据的鲁棒性较强。随机森林的应用广泛，包括但不限于分类、回归、特征选择等领域。其优势在于降低过拟合风险、提高模型稳定性，并适用于各种复杂的现实问题。

在随机森林模型的训练实验中，对采样数据集使用交叉验证确定合适的分类模型决策树棵数，开展随机森林模型训练，模型参数设置见表 4-1。

表 4-1　随机森林模型训练参数表

决策树/棵	最大特征数	最大深度	最大叶子节点数	度量分裂的标准
350	9	7	35	Gini

图 4-5 为通过随机森林获得的矿田成矿概率图，图 4-6 为已知含矿块的成矿概率值图，已知矿体成矿概率大部分较高。根据图 4-6 分析可知，成矿概率值 ≥ 0.84 时，已知矿体比例达 70%，说明随机森林模型将大部分已知矿体预测准确，其结果比较可靠。

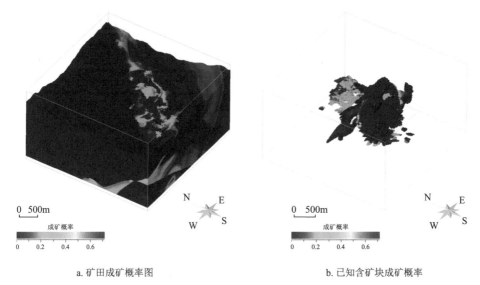

a. 矿田成矿概率图   b. 已知含矿块成矿概率

图 4-5   随机森林模型成矿概率图

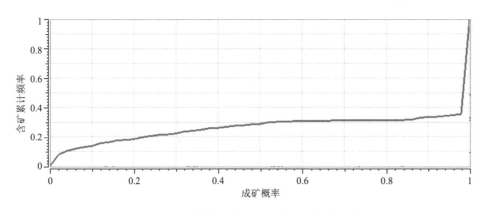

图 4-6   随机森林模型的已知矿体成矿概率频率图

2. 卷积神经网络方法原理

卷积神经网络（convolutional neural networks，CNN）是一种深度学习模型，其核心原理在于卷积操作，该操作通过在输入数据上应用卷积核以有效提取和学习特征。卷积操作通过局部感知数据特征，实现对输入数据的多层次抽象表示。CNN 的架构包括卷积层、池化层和全连接层，这种层次化结构使其能够逐步提取并整合图像特征，为高层次任务提供了强大的特征学习能力。首先，CNN 的核心原理是卷积操作。卷积层是 CNN 的基本构建块，它通过在输入图像上滑动一些称为卷积核的小滤波器来提取图像中的特征。这种滤波器可以捕捉到不同层次的图像细节，例如边缘、纹理和更高层次的语义信息。通过这种逐层提取特征的方式，CNN能够逐渐建立对图像的抽象表示，从而使得网络能够学到更复杂的模式和概念。

其次，CNN 的架构包括卷积层、池化层和全连接层。卷积层通过卷积操作提取图像特征，池化层则通过对特征图进行下采样的方式减小数据的维度，从而输出到全连接层上进行最终的分类。这种层次化的结构使得 CNN 能够逐步学习和理解图像的不同抽象层次。此外，卷积神经网络在训练过程中使用反向传播算法进行优化。网络通过与标签进行比较，不断调整权重和偏置，以最小化预测误差。这个过程反复进行，直到网络能够对输入数据进行准确分类为止。这种端到端的学习方式使得 CNN 能够自动学习图像特征，而无须手动设计特征提取器。

在三维地质建模中，CNN 可以应用于地层分析、岩性分类以及资源勘探等任务。通过训练过程中的反向传播算法，CNN 能够自动学习地质数据中的复杂模式，而无须人为设计特征提取器。这使得 CNN 成为处理大规模地质数据、提高建模准确性的有力工具。

本次使用的卷积神经网络参数结构如表 4-2，其中 Input 中的通道数量代表着输入属性的个数，Output 中的通道数量代表着最后预测的结果，对于有矿的置信度使用 Sigmoid 激活函数将其值限定在（0,1）的范围，越接近 1 代表有矿的置信度越高，反之有矿的置信度越低。

表 4-2　模型参数结构表

层类型	卷积核数量	卷积核尺寸	特征图尺寸
Input	—	—	14×1
Convolution layer 1	32	3×1	14×32
Maxpooling layer 1	—	2×1	7×32
Convolution layer 2	64	3×1	7×64
Maxpooling layer 2	—	2×1	3×64
Convolution layer 3	128	3×1	3×128
Maxpooling layer 3	—	2×1	1×128
Dense	1	1	1
Sigmoid	—	—	—
Output	—	—	1

　　将训练数据划分 20%为验证集，使用二分类交叉熵损失函数，学习率为 0.1 的 Adam 优化器，针对卷积神经网络模型训练 100 次，绘制得到的损失和精确度如图 4-7 所示。

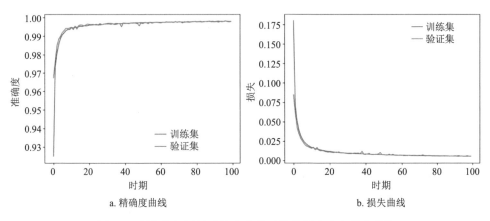

a. 精确度曲线　　　　　　　　　　　　b. 损失曲线

图 4-7　卷积神经网络训练集和验证集的精确度和损失曲线

　　将训练后的卷积神经网络模型用于三维成矿预测并进行可视化表达，发现已知含矿块体的概率值均较高（图 4-8）。根据图 4-9 分析可知，80%的已知矿体的成矿概率值≥0.98，由此可见，卷积神经网络模型得到的预测结果准确率较高，效果好。

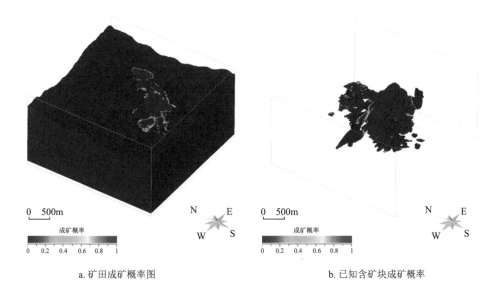

a. 矿田成矿概率图　　　　　　　　　　b. 已知含矿块成矿概率

图 4-8　卷积神经网络模型成矿概率图

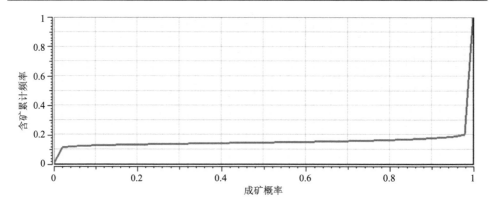

图 4-9　卷积神经网络模型的已知矿体成矿概率频率图

4.4　预测结果与勘查部署建议

4.4.1　模型性能评价

完成对训练数据的构建之后，模型性能的评价也是检验方法有效性的重要组成部分，为此本书选取受试者工作特征曲线（ROC 曲线）对模型进行性能评价。ROC 曲线是评估分类器性能的一种可视化分析方法，数十年来，被应用于很多行业，在机器学习进行成矿预测的过程中取得了较好应用。

针对二分类的成矿预测有 TP（有矿且预测结果是有矿的样本）、FN（有矿但是被预测为无矿的样本）、FP（无矿但是被预测为有矿的样本）、TN（无矿且被预测为无矿的样本）四类对应关系，将其统计得到混淆矩阵（表 4-3）。

表 4-3　混淆矩阵

真实情况	预测情况	
	正例	反例
正例	TP（真正例）	FN（假反例）
反例	FP（假正例）	TN（真反例）

ROC 曲线通过绘制各种阈值下的灵敏度（真正率）与 1-特异度（假正率）的关系图（真正率为纵坐标，假正率为横坐标）来检查模型性能。其中灵敏度与 1-特异度计算公式如下：

$$\begin{cases} \text{真正率}(\text{TPR}) = \text{灵敏度} = \dfrac{\text{TP}}{\text{TP} + \text{FN}} \\ \text{假正率}(\text{FPR}) = 1 - \text{特异度} = \dfrac{\text{FP}}{\text{FP} + \text{TN}} \end{cases}$$

如图 4-10 所示的 ROC 曲线是通过遍历所有阈值来绘制整条曲线的，连接点（0，0）和点（1，1）的红色虚线为随机线，位于随机线上的点（如 A 点）表示在某阈值下 TPR=FPR，位于随机线上方的点（如 B 点）对应的 TPR>FPR，表示有矿且预测结果是有矿的概率大于无矿但是被预测为有矿的概率。

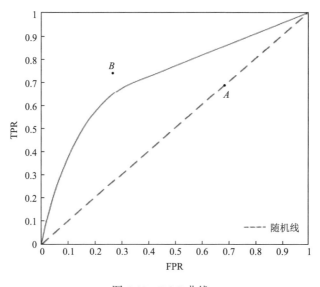

图 4-10　ROC 曲线

计算 ROC 曲线上值，可使用不同的分类阈值多次评估逻辑回归模型，但效率非常低，故采用基于排序的高效算法曲线下面积（area under curve，AUC）。ROC 曲线下面积（AUC）是一种与阈值无关的定量评价指标，其值越大表明模型分类效果越好，假设 ROC 曲线是由坐标为 $\{(x_1, y_1), (x_2, y_2) \cdots (x_n, y_n)\}$ 的点绘制而成，则 AUC 可表示为

$$\text{AUC} = \frac{1}{2} \sum_{i=1}^{n-1} (x_{i+1} - x_i)(y_i + y_{i+1})$$

若连接对角线 AUC 面积是 0.5。对角线的实际含义是随机判断响应与不响应，正负样本覆盖率应该都是 50%，表示随机效果。ROC 曲线越陡越好，所以理想值

就是 1，一个正方形，而最差的随机判断都有 0.5，所以一般 AUC 的值是介于 0.5 到 1 之间的，值越大其模型分类性能越好。

4.4.2 对比分析和靶区圈定

通过随机森林和卷积神经网络对控矿因素集成融合，各方法在不同程度上指示了冷水坑银铅锌矿深部矿体可能存在延伸或有盲矿体存在。在此将两种方法进行对比，提高预测精度，圈出靶区，再结合地质情况进行验证。

采用两种模型方法的 ROC 对模型进行评估，这两种模型 AUC 值分别为随机森林模型 0.85、卷积神经网络 0.91（图 4-11）。结果显示卷积神经网络进行定量成矿预测效果最好，其次为随机森林模型，故后续进行靶位圈定时以卷积神经网络结果为主，随机森林模型结果作为支撑。

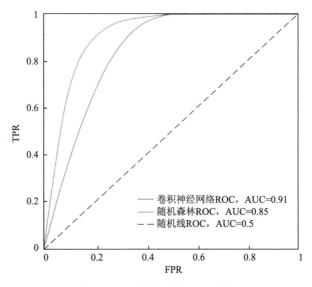

图 4-11　两种模型的 ROC 曲线

根据卷积神经网络和随机森林模型的预测结果进行结合，依据卷积神经网络的成矿概率值≥0.98，随机森林的成矿概率≥0.84 为筛选条件并提取出潜在成矿有利区，得到最终成矿预测结果并圈定了 3 个靶区（图 4-12）。

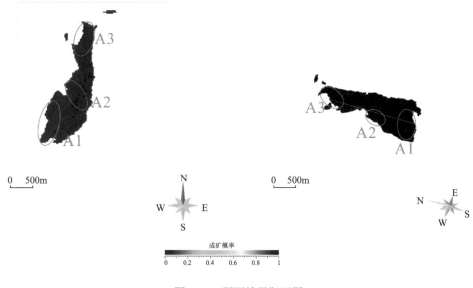

图 4-12　预测结果靶区图

靶区 A1：该靶区共有 23070 个立方块单元，其三维空间位置为 X:518716～519080m，Y:3088670～3087800m，高程–620～–310m。

靶区 A2：该靶区共有 19225 个立方块单元，其三维空间位置为 X:519185～519740m，Y:3089094～3088604m，高程–742～–496m。

靶区 A3：该靶区共有 20763 个立方块单元，其三维空间位置为 X:519320～519749m，Y:3090330～3089838m，高程–759～–348m。

下一步工作，需要开展三维定量预测全过程的不确定性问题分析，进一步提升预测结果的可靠性，同时对预测区进行工程验证。

参 考 文 献

耿瑞瑞, 范洪海, 孙远强, 等. 2021. 湘赣边界鹿井铀矿床三维定量预测研究[J]. 地质论评, 67(2): 399-410.

龚雪婧, 曾建辉, 曹殿华. 2019. 江西冷水坑矿床含矿花岗斑岩的Sr-Nd及锆石Hf-O同位素研究 [J]. 中国地质, 46(4): 818-831.

何细荣, 黄冬如, 饶建锋. 2010. 江西贵溪冷水坑矿田下鲍银铅锌矿床地质特征及成因探讨[J]. 中国西部科技, 9(25): 1-3.

黄水保, 孟祥金, 徐文艺, 等. 2012. 冷水坑矿田层状铅锌银矿稳定同位素特征与矿床成因[J]. 东华理工大学学报(自然科学版), 35(2): 101-110.

李兆鼐, 权恒, 李之彤. 2003. 中国东部中新生代火成岩及其深部过程[M]. 北京: 地质出版社.

卢加文, 孟德磊. 2018. 冷水坑矿田外围–江坊矿区找矿潜力分析[J]. 地球科学前沿, 8(8): 1345-1352.

卢加文. 2018. 东坑–麻地矿区成矿地质条件和找矿前景分析[J]. 世界有色金属, (20): 75-76.

罗渌川, 周耀湘, 肖婷. 2014. 江西冷水坑矿田斑岩型银铅锌矿床成矿期次探讨[J]. 民营科技, (8): 77.

罗泽雄, 饶建锋, 罗渌川. 2011. 北武夷冷水坑矿田银铅锌矿床找矿勘查模型探讨[J]. 中国西部科技, 10(18): 3-5.

孟祥金, 侯增谦, 董光裕, 等. 2009. 江西冷水坑斑岩型铅锌银矿床地质特征、热液蚀变与成矿时限[J]. 地质学报, 83(12): 1951-1967.

孟祥金, 徐文艺, 杨竹森, 等. 2012. 江西冷水坑矿田火山-岩浆活动时限:SHRIMP锆石U-Pb年龄证据[J]. 矿床地质, 31(4): 831-838.

明小泉, 贺海龙. 2018. 冷水坑层状富铅锌银矿地质特征及成矿[J]. 四川地质学报, 38(1): 73-76.

齐有强, 胡瑞忠, 李晓峰, 等. 2015. 江西冷水坑Ag-Pb-Zn矿田闪锌矿矿物化学特征及赋矿铁锰碳酸盐层成因背景制约[J]. 矿物学报, 35(2): 136-146.

钱迈平, 张宗言, 余明刚, 等. 2015. 江西贵溪冷水坑晚侏罗世铁锰白云岩地层年龄及沉积环境[J]. 地层学杂志, 39(4): 380-394.

王长明, 徐贻赣, 吴淦国, 等. 2011. 江西冷水坑Ag-Pb-Zn矿田碳、氧、硫、铅同位素特征及成矿物质来源[J]. 地学前缘, 18(1): 179-193.

王立立, 陈祺, 曾闰灵, 等. 2024. 江西省冷水坑斑岩型矿床控矿地质体三维地质特征[J]. 华南地质, 40(3): 504-518.

王森, 张达, 吴淦国, 等. 2018. 闽西南马坑式铁矿成矿结构面特征及找矿意义[J]. 地质力学学报, 24(2): 199-211.

王永庆, 李山, 杨真亮, 等. 2022. 胶东玲南—水旺庄巨型金矿床三维地质特征及断裂控矿规律[J]. 地质通报, 41(6): 977-985.

吴志春, 郭福生, 林子瑜, 等. 2016a. 三维地质建模中的多源数据融合技术与方法[J]. 吉林大学学报(地球科学版), 46(6): 1895-1913.

吴志春, 郭福生, 姜勇彪, 等. 2016b. 基于地质剖面构建三维地质模型的方法研究[J]. 地质与勘探, 52(2): 13.

肖茂章, 漆光明. 2014. 江西冷水坑铅锌银矿田成矿系统与成矿模式[J]. 地质与勘探, 50(2): 311-320.

解天赐, 戴长国, 李瑞翔, 等. 2022. 胶东大尹格庄–曹家洼金矿床三维空间特征及矿化富集规律新认识[J]. 地质通报, 41(6): 986-992.

徐贻赣, 吴淦国, 王长明, 等. 2013. 江西冷水坑银铅锌矿田闪锌矿铷-锶测年及地质意义[J]. 地质学报, 87(5): 621-633.

杨志鹏, 付文树. 2014. 下鲍矿区银铅锌矿地质特征及成矿机制探讨[J]. 中国西部科技, 13(11): 25-26.

余心起, 吴淦国, 张达, 等. 2008. 北武夷地区逆冲推覆构造的特征及其控矿作用[J]. 地质通报, 27(10): 1667-1677.

昝芳, 漆剑, 杨启军. 2016. 江西冷水坑铅锌矿田断裂构造与成矿作用[J]. 云南地质, 35(4): 483-487.

曾祥辉, 贺玲, 章敬若, 等. 2022. 北武夷冷水坑银铅锌矿田构造控岩-控矿特征[C]// 2022 江西地学新进展. 南昌: 江西省地质学会: 211-228.

张锟滨, 陈玉明, 吴克寿, 等. 2024. 粒向量驱动的随机森林分类算法研究[J]. 计算机工程与应用, 60(3): 148-156.

张鑫, 吴海涛, 曹雪虹. 2018. Hadoop 环境下基于随机森林的特征选择算法[J]. 计算机技术与发展, 28(7): 88-92.

张垚垚, 王长明, 徐贻赣, 等. 2010. 江西冷水坑银铅锌矿床综合找矿模型[J]. 金属矿山, (12): 100-106.

赵志刚, 万浩章, 董光裕, 等. 2008. 江西贵溪冷水坑银铅锌矿田及外围构造-岩浆-成矿系统解析[J]. 中国西部科技, 7(30): 4-6.

周良辰, 陈锁忠, 朱莹. 2007. 地质结构三维建模及其可视化方法研究[J]. 计算机应用研究,

24(6): 150-151.

周显荣, 王刚, 周建新. 2011. 冷水坑层控叠生型矿床推覆构造特征及控矿作用[J]. 中国产业, (4): 67-68.

左力艳. 2008. 江西冷水坑斑岩型银铅锌矿床成矿作用研究[D]. 北京: 中国地质科学院.

左力艳, 孟祥金, 杨竹森. 2008. 冷水坑斑岩型银铅锌矿床含矿岩系岩石地球化学及 Sr、Nd 同位素研究[J]. 矿床地质, 27(3): 367-382.